Dr. Bahram Bahrami

Faszination

Naturgesetze
und
Naturprinzipien

Meine Theorien und Entdeckungen

Der Autor, Dr. Bahram Bahrami, hat Medizin und Physik studiert und ist Facharzt für innere Medizin . Er beschäftigt sich mit der theoretischen Forschung der Naturwissenschaften mit dem Schwerpunkt Astronomie Physik und Medizin, hat zahlreiche bahnbrechende Theorien entwickelt, viele Entdeckungen gemacht und bereits mehrere Bücher publiziert.

Herstellung und Verlag : Books on Demand GmbH , Norderstedt

ISBN: 978-3-8391-2553-3

Die Prinzipien der Natur sind meist sehr einfach. Die Einfachheit ist jedoch so groß , daß sie zu durchschauen äußerst schwer sein kann.

Dr. B. Bahrami

Für die freundliche Überlassung der Bilder möchte ich mich
bei Nasa-Hubble und PixelQuelle.de bzw. Pixelio.de
bedanken .

Dieses Buch wird meiner lieben Frau Gerda gewidmet.

Inhaltsverzeichnis

Einleitung

Dieses Buch wendet sich nicht nur an Fachleute, sondern auch an das breite interessierte Publikum . Deswegen wurde bewußt versucht , so weit wie möglich , die Thematik durch einen relativ einfachen und gut verständlichen Text, durch Abbildungen, Graphiken und Zeichnungen auch für interessierte Laien verständlich und zugänglich zu machen.

Im Universum bzw. in der Natur gibt es eine ganze Reihe von festen Gesetzen und Prinzipien . Teilweise waren diese Gesetze bzw. Prinzipien schon bekannt, teilweise habe ich sie entdeckt , entwickelt und beschrieben.

Ich kann Ihnen an dieser Stelle schon soviel verraten, daß die in diesem Buch abgehandelten äußerst faszinierenden Phänomene und deren Erklärungen jeden von uns beeindrucken und faszinieren werden.

Es wurde bewußt versucht, **auf jeglichen unnötigen Ballast und jede Umschweife zu verzichten** , um das Buch möglichst kompakt und übersichtlich zu halten, und ferner um viel Platz zu lassen für eigene Phantasien der Leser.

Dieses Buch unterscheidet sich im übrigen in vielerlei Hinsicht von vielen anderen Büchern, die nur bekannte Tatsachen und Erkenntnisse wiedergeben bzw. wiederholen, und die Sachen beschreiben, ohne eine Begründung dafür zu geben bzw. sich damit kritisch auseinanderzusetzen, und ist aus diesem Grunde weniger reproduktiv, sondern insbesondere völlig innovativ, kreativ und schöpferisch ,und erschließt deswegen sehr viel Neuland .

Mehr möchte ich Ihnen an dieser Stelle nicht verraten, vielmehr es Ihnen selbst überlassen die Faszinationen dieses Buches bei der Lektüre selbst zu entdecken .

Dr. B. Bahrami

Kapitel 1

Einführung in die Thematik

Das ganze Universum wäre überhaupt nicht verständlich , wenn man meinen würde, es würde sich bloß um einen wilden Haufen toter Steine und toter Materie handeln, die wild in dem Raum fliegen würden.

Es gibt vielmehr, wie bereits erwähnt, ganz feste Gesetze und Prinzipien Im Universum bzw. in der Natur, wie wir im Laufe der nächsten Kapitel sehen werden.

Hier im Rahmen diese Buches habe ich leider nicht alle darstellen können, da sonst der Rahmen dieses Buches gesprengt würde, sondern eine Auswahl .

Diese Gesetze und Prinzipien der Natur sorgen gleichzeitig für die Stabilität und Dauerhaftigkeit der Natur bzw. des ganzen Universums . Hier sind auch die Fundamente der Natur verankert.

Das, was wir als tote Materie bezeichnen, lebt, wenn auch ganz anders als wir. Alles steht miteinander in ständiger Kommunikation ,wobei die Art der Kommunikation ganz verschieden ist .

Wenn die Abstände es ermöglichen, ist diese Kommunikation durch **direkten Kontakt** möglich, durch **elektrische Ladung** oder **Magnetfelder** . Sonst erfolgt der Kontakt durch **elektromagnetische Wellen** , wie Radiowellen, Licht , oder Gravitationswellen, je nach der Entfernung oder nach den sonstigen einzelnen Umständen. Wir kennen auch Kommunikation durch **andere Wellen**, wie z.B. die Schallwellen , Wasserwellen , aber auch die Erdbebenwellen müssen hier genannt werden .

Die elektromagnetischen Wellen sind praktisch die Boten des Universums (Näheres s. Band I meines Buches „ Grosse Geheimnisse des Universums" und meine wissenschaftliche Arbeit über die elektromagnetischen Wellen).

Z. B. wir können hier auf unserer Erde das **Licht** der Sterne empfangen, die Milliarden Jahre von uns entfernt sind . Genauso können auch mögliche Bewohner der Planeten der betreffenden Sterne das Licht unserer Sonne empfangen .

Wir wissen ferner aus der Physik, daß der Empfang (Absorption) der Lichtphotonen Effekte an den Atomen verursachen (Quantensprünge) .
Es handelt sich somit um Wechselwirkungen zwischen dem Licht und den Atomen und somit um eine Art **Daten- bzw. Informationsaustausch** .

Aus der Analyse des Lichtes der anderen Sterne können wir z.B. feststellen , welche Elemente auf dem betreffenden Stern vorhanden sind , welche Elemente in der Atmosphäre des Sternes vorkommen und wie heiß ungefähr der Stern ist.

Ferner verrät uns das Licht der Sterne im Rahmen des Doppler-Effekts , ob der betreffende Stern sich von uns entfernt , oder sich uns nähert und ungefähr mit welcher Geschwindigkeit .

Eine weitere Art der gegenseitigen Kontaktaufnahme durch die elektromagnetischen Wellen im Universum über sehr weite Distanzen geschieht durch die **Gravitationswellen** . **Es handelt sich hierbei ebenfalls u.a. um eine Art Datenaustausch** , z.B. bezüglich der gegenseitigen Masse (vergl. auch meine wissenschaftlichen Arbeiten über die Gravitationswellen) .

Kapitel 2

Überlebensrezept des Universums

Gravitation und Zentrifugalkraft

ein Gespann

Das Überlebensrezept des Universums sind Umkreisungen und Rotationen, die verwirklicht und aufrechterhalten werden durch Zusammenwirken der **Gravitation einerseits und Zentrifugalkraft andererseits, die als Kräftepaar auftreten und so sich gegenseitig kompensieren .** Erst dadurch werden die Himmelskörper auf festen Bahnen eingebunden ,stabilisiert und können so überhaupt längere Zeiträume überleben. Sonst wäre das ganze Universum völlig instabil , da die Himmelskörper sonst durch andere Himmelskörper angezogen , mit diesen kollidieren und zerstört würden.

So sind z.B. **alle Planeten** unseres und auch der anderen Sonnensysteme stabilisiert und können über Milliarden Jahre unsere bzw. andre Sonnen umkreisen

Auch die **Galaxien** , die ihrerseits Milliarden Sterne beinhalten, werden durch die Gravitationskräfte einerseits, und Zentrifugalkräfte andererseits stabilisiert und können dadurch ebenfalls Milliarden Jahre bestehen bleiben und Ihren Sternen Schutz bieten.

Jede dieser Kräfte einzeln wäre äußert aggressiv und zerstörerisch . Durch die Gravitationskraft alleine würden die Himmelskörper angezogen und durch Kollision zerstört werden . Aber auch durch die Zentrifugalkraft alleine würden sie weggeschleudert und ebenfalls durch Kollision mit andern Himmelskörper zerstört werden.

Nur durch das Zusammenauftreten und –wirken dieser 2 Kräfte kann erzielt werden, daß eine Stabilisierung erfolgt.
So hat die Natur dafür gesorgt, daß die Himmelskörper längere Zeiträume von Milliarden Jahren überleben können.

Die **Gravitationskraft** ist im Universum unbedingt erforderlich, damit die einzelnen Bausteine des Universums nicht auseinandergehen , sondern in einzelnen Konzentrationspunkten zusammen bleiben .

Damit aber das ganze Universum nicht zusammenklumpt , ist eine 2. Kraft erforderlich, zur Neutralisation der Gravitation, und genau das ist die **Zentrifugalkraft**.

Sie hebt praktisch die Aggressivität der Gravitationskraft auf und sorgt z.B. dafür, daß die Planeten unseres Sonnensystems nicht in die Sonne fallen und ein Teil der Sonne werden ,sondern als selbständige Planeten über Milliarden Jahre existieren und sich weiter entwickeln können.

Also nur durch das Zusammenwirken dieser beiden Kräfte der Gravitation und Zentrifugalkraft ist es im Universum möglich gewesen , daß z.B. Planetensysteme, Mondsysteme , Galaxien usw. sich gebildet haben und über Milliarden Jahre existieren können . Andernfalls wären sie zusammen kollidiert   hätte sich zu einzelnen Klumpen vereinigt .

Die **Gravitationskraft** wird bestimmt durch die Newtonsche Gravitationsformel :

$$F = G \cdot \frac{m\,1 \cdot m\,2}{r^{\,2}}$$

(Daraus geht also z.B. hervor, daß die Gravitationskraft **mit dem Quadrat der Entfernung abnimmt .)**

und meine Gravitationsformel (Gravitationsformel von Bahrami) :

$$F = G \cdot \frac{m1\ E1 \cdot m2\ E2}{r^{\,2}}$$

(Näheres dazu **s. meine Bücher „ Revolution der Naturwissenschaften" und „ Grosse Geheimnisse des Universums).**

Die **Zentrifugalkraft** wird berechnet nach der folgenden
Formel :

$$F = \frac{m \cdot V^2}{r}$$

Daraus geht z.B. hervor, daß die Zentrifugalkraft u.a. positiv
proportional abhängig ist von der **Masse** . Deswegen kann
z.B. die Laborzentrifuge schwerere zelluläre Bestandteile des
Blutes von dem leichteren Serum trennen.

Folgende Beispiele mögen das oben beschriebene
Zusammenwirken dieser beider Kräfte deutlich machen :

1. **Unsere Erde wird durch das Zusammenspiel der
   Gravitation und Zentrifugalkraft auf ihrer Bahn um
   die Sonne festgehalten.** Durch die Gravitationskraft
   der Sonne und der Erde wird die Erde an die Sonne
   angezogen, während durch die Zentrifugalkraft die
   Erde in Gegenrichtung gezogen wird. Diese beiden
   Kräfte, heben sich gegenseitig exakt auf, da sie
   entgegengesetzt wirken und gleich stark sind.
   Wäre die Zentrifugalkraft nicht vorhanden, so wäre
   die Erde von der Sonne schon längst durch die
   Gravitationskraft angezogen und wäre mit der Sonne
   kollidiert und zerstört worden.

2. **Die *gesamten* Planeten unseres Sonnensystems
   werden durch das Zusammenspiel der Gravitation
   und Zentrifugalkraft auf ihren Bahnen**

festgehalten ,genau so wie bei der Erde.

3. **Genau so ist es mit den anderen Sonnensystemen** , von denen es viele im Universum gibt.

4. **Unser Mond wird auf seine Umlaufbahn um die Erde ebenfalls durch das Zusammenwirken der Gravitation und der Zentrifugalkraft , die ebenfalls gleich stark sind und entgegengesetzt wirken , auf seine Bahn festgehalten**, sonst wäre der Mond schon längst von der Erde angezogen und mit ihr kollidiert und zerstört worden.

5. **Genau so ist es mit den Monden der anderen Planeten** , wie Jupiter .

6. **Unsere gesamte Galaxie und auch sämtliche andere Galaxien** werden durch das Zusammenspiel dieser beiden Kräfte zusammengehalten. Doch darüber mehr in **meinem Buch „Grosse Geheimnisse des Universums Bd. I „** .

7. Das Zusammenspiel dieser beiden Kräfte hat man auch künstlich benutzt , **bei der Satelliten-Technik.** Sämtliche künstliche Satteliten , die die Erde umrunden werden so auf ihren Bahnen festgehalten.

Wie aus den obigen Formeln zu sehen ist, müssen bestimmte Voraussetzungen erfüllt sein, damit diese 2 Kräfte sich genau gegenseitig aufheben, z.B. die Entfernungen , die einzelnen Massen, die Umlaufgeschwindigkeiten müssen genau aufeinander abgestimmt sein und stimmen, damit die Bahnen über längere Zeiten stabil sind .

Es muß im Universum im Laufe der Zeit eine Art Selektion stattfinden, derart, daß Himmelsobjekte, die abweichende Daten haben, bei denen z.B. die erforderlichen Entfernungen oder Geschwindigkeiten nicht vorhanden sind, vernichtet werden (etwa durch Kollision) und die anderen Himmelsobjekte, die passenden Daten haben überleben, wobei z.B. Bahn- und Entfernungs-Anpassungen innerhalb bestimmter Grenzen möglich sein müßten . So muß z. .B. unser Sonnensystem vor ca. 4,6 Milliarden Jahren bei seiner Entstehung weitere Planeten gehabt haben, die keine stabilen Bahnen hatten und deswegen z.B. durch Kollision mit der Sonne zerstört worden sind.

Das perfekte Zusammenspiel der Gravitation und Zentrifugalkraft kann aber erst zum wahrhaftigen Überlebensrezept des Universums werden durch die **Rotationen** , die dringend notwendig sind, damit die Gravitationskräfte einerseits und Zentrifugalkräfte andererseits nicht ständig an denselben Stellen der einzelnen Himmelskörper wirken, da sie sonst zu **Rissen** in diesen Himmelskörper führen bzw. sie schließlich **zerreisen** würden.

Anhand des nachfolgenden Beispiels möchte ich dieses Thema vertiefen , da sie äußerst wichtig ist für unser Universum, nämlich anhand unseres Mondes :

Stellen Sie sich einmal vor, wir schauen uns einmal den Nachthimmel an , und sehen sehr erstaunt 2 Monde am Himmel anstatt einen Mond, oder überhaupt keinen Mond und anstatt dessen einen Ring , ähnlich wie bei dem Saturnring. **Wirklichkeit oder Utopie ?**
Nein das braucht keine Utopie zu sein und kann eines Tages Wirklichkeit werden, auch wenn dies in sehr ferner Zukunft liegen sollte .

Unser Mond hat früher auch eine schnellere **Rotation** um die eigene Achse gehabt. Im Laufe der Zeit ist diese Rotation praktisch zum Stillstand gekommen, so daß gegenwärtig sich der Mond uns immer von der gleicher Seite zeigt (genau genommen zeigt er eine sogenannte **gebundene Rotation,** dies bedeutet , daß sie in genau 27,3 Tagen einmal um die eigene Achse rotiert , d.h. in exakt derselben Zeit , die sie braucht um einmal die Erde zu umkreisen).

Der Mond (sowie alle Planeten) steht bekanntlich unter der ständigen Einwirkung von **2 entgegengesetzt wirkenden Kräften,** wie bereits erwähnt: von der einen Seite wird sie von der **Gravitationskraft** angezogen , und von der anderen Seite von der **Zentrifugalkraft** beeinflußt, die in Gegenrichtung zur Gravitationskraft wirkt (d.h. nach außen). Diese 2 Kräfte sind gleich stark aber entgegen gerichtet, so daß ein Gleichgewicht herrscht und der Mond auf seiner Umlaufbahn um die Erde praktisch festgehalten wird (s. Abb. 1):

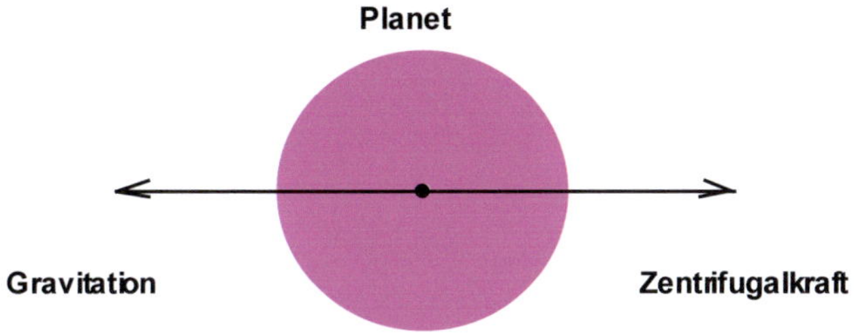

Abb. 1

Jedoch dadurch, daß die Planeten gleichzeitig um die eigene Achse **rotieren**, wirken diese 2 Kräfte nie lange an denselben Stellen der Planeten , sondern laufend an verschiedenen Stellen.

Wie oben bereits angeführt, rotiert der Mond mittlerweile praktisch nicht mehr um die eigenen Achse, sodaß nunmehr diese 2 Kräfte immer an denselben Stellen des Mondes wirken . **Dies wird jedoch zwangsläufig dazu führen, daß der Mond irgendwann entweder in 2 Teilen zerreißt, oder in viele kleine Teile zerbricht, die sich dann wie ein Ring über die Bahn verteilen würden. So ist höchstwahrscheinlich auch der Ring von Saturn entstanden (s. Abb. 2) :**

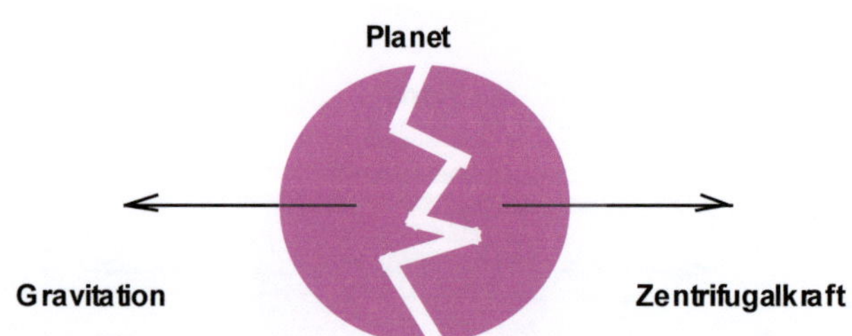

Abb. 2

So ist diese Vorstellung keineswegs eine Utopie, sondern **ist überhaupt ein Schicksal vieler Planeten und Monde** , nicht nur innerhalb unseres Sonnensystems, sondern selbstverständlich **auch der anderen Sonnensysteme im Universum** , sobald die eigenen Rotationen im Laufe der Zeit zum Stillstand kommen .

So gesehen , ist die eigene **Rotation** der Himmelsobjekte eine Art Schutzmechanismus gegen die Zerstörung und eine Art **Überlebensrezept** der Natur, genau wie die **Umkreisungen** der Himmelsobjekte.

Wären die Umkreisungen nicht da, so würden diese Himmelsobjekte von den größeren angezogen und durch Zusammenstoß mit diesen zerstört werden (wegen einer erheblich ausführlicheren Darstellung solcher faszinierenden

Phänomene wird verwiesen auf **meine Bücher „ Das Geheimnis der Entstehung des Universums, meine DPNS-Theorie" und „ Geheimnisse der Evolution „)** .

Im übrigen werden alle Rotationen ständig langsamer werden und eines Tages zum Stillstand kommen, weil die 2 entgegengesetzte Kräfte Gravitation und Zentrifugalkraft eine Bremsung bewirken, die unschwer vorstellbar ist. Auch unsere Erde wird davon nicht verschont bleiben. **Wir wissen, daß unsere Erde früher schneller rotiert hat** und die Rotationen im Laufe der Zeit langsamer geworden sind, **so daß die Tage und Nächte länger geworden sind.**

Hinzu zu fügen ist noch, daß **auch die Umkreisungen keine Dauererscheinungen sind** bis alle Ewigkeit, weil im Laufe der Zeit die Energievorräte unserer Sonne , wie auch der anderen Sterne abnehmen , da laufend Masse in Energie umgewandelt wird, so daß dadurch auch die Gravitationskraft der Sonne im Laufe der Zeit abnimmt . **Dadurch werden sich die Planeten langsam von der Sonne entfernen .** Wie wissen z.B. daß unsere Erde früher weniger entfernt war von der Sonne wie heute.

Kapitel 3

Regelkreise und Rückkopplungen

im Universum bzw. in der Natur

Es gibt im Universum bzw. in der Natur viele **Regelkreise und Rückkopplungen** , zumal die meisten Naturphänomene aus 2 paradoxen und entgegengesetzten Einzel-Phänomenen bestehen , und ferner da dies eine **unerläßliche** und **äußerst wirksame Methode ist , einzelne Naturerscheinungen steuerbar zu machen , Entgleisungen und Katastrophen zu verhindern und für ein Gleichgewicht zu sorgen .**

Diesen für den Fortbestand des Universum äußerst wichtigen Regelkreisen und Rückkopplungen im Universum war bisher leider kaum Beachtung geschenkt worden und sie waren bisher unentdeckt geblieben .

Kräfte rufen Gegenkräfte hervor , die diesen Kräften entgegenwirken und sie zügeln , größere Veränderungen rufen andere Veränderungen hervor, die diesen Veränderungen ebenfalls entgegenwirken und so für ein Gleichgewicht sorgen .

Dadurch werden z.B. große Kräfte gezügelt und gebunden , gigantische Veränderungen verhindert und neutralisiert , aber gleichzeitig werden dadurch diese großen Kräfte und Veränderungen steuerbar .

So werden Naturkräfte und Naturphänomene geregelt . Ohne diese Regelungen und Rückkopplungen wäre das ganze Universum schon längst in ein Chaos übergegangen und wäre total zerstört worden .

Die folgenden Beispiele machen dies anschaulich:

1. ***Das 3. Axiom von Newton***, Aktion und Reaktion : das besagt, daß jede Aktion eine Reaktion hervorruft, die ihr entgegengesetzt ist. Oder anders ausgedrückt: : Kräfte treten paarweise auf, und zwar so, daß sie entgegengesetzt wirken. Wenn z.B. auf eine Fläche Druck ausgeübt wird, wird dadurch eine gleich große Gegenkraft ausgelöst, die dieser Kraft genau entgegenwirkt.

2. *Die Lentzsche Regel* : Die von einem Strom hervorgerufene Induktionsspannung ist so gerichtet, daß sie diesem Strom entgegenwirkt.

3. **Massenwirkungsgesetz** : Dieses Gesetz spielt eine überragende Rolle in der **Chemie** und bewirkt, daß die chemischen Reaktionen je nach der **Konzentration** der miteinander reagierenden Substrate nach der einen oder nach der anderen Seite laufen , es bestimmt somit die Richtung vieler chemischen Reaktionen . Es handelt sich hierbei gleichzeitig um eine fein dosierbare Rückkopplung , da dadurch die chemischen Reaktionen fein steuerbar werden und z.B. beim Konzentrationsausgleich auch die chemische Reaktion zum Stillstand kommt .

4. Auch die **Osmose** und die **Diffusionsvorgänge** , die insbesondere in der Medizin und Biologie eine überragende Rolle spielen , sind **konzentrationsabhängig** und können somit je nach den jeweiligen Konzentrationen nach der einen oder anderen Seite laufen.

5. Solche allgemein **nach beiden Seiten laufenden und konzentrationsabhängigen Prozesse** sind im übrigen in der Natur sehr verbreitert , z.B. auch auf dem Gebiet der **Physik**, und **Astronomie** .

6. **Regelkreis Energie und Materie:** Energie und Materie (Masse) sind äquivalent , also praktisch gleichwertig und können ineinander umgewandelt werden nach der Formel $E = m c^2$. Materie ist eingefrorene und somit gebundene Energie , und damit praktisch eine **andere Erscheinungsform** der Energie . Energie ist aber bekanntlich sehr **flüchtig** und hat insbesondere bei größeren Energiemengen **enorme Wirkungen**, denken wir z.B. an die große Hitzewirkung oder an starke Strahlungen , die unvorstellbar groß werden und verheerende Folgen haben können , wie z.B. bei einer Atombombe .

Deswegen ist es im Universum bzw. in der Natur unbedingt erforderlich, daß große Energiemengen eingebunden bzw. konserviert werden . Das geschieht durch Umwandlung der Energie in Materie . Dadurch wird die .Energie praktisch auf unbestimmte Dauer **konserviert** , gleichzeitig aber **neutralisiert** und sozusagen in kleinen Paketen **konzentriert** und eingepackt. Aus offenen Wellen entstehen dabei geschlossene Materiewellen. Dadurch werden enorm große Kräfte **gebunden** und gezügelt. Dadurch verhindert die Natur gleichzeitig Katastrophen durch sehr starke Energiewirkungen .

Die so eingefrorene Energie kann natürlich jederzeit wieder in Energie umgewandelt und ihre großen Wirkungen wieder entfalten.

Meines Erachtens geht dies in sehr einfacher Weise vor sich. Wo im Universum lokal Energie in großem Überschuß vorhanden ist , wird die Umwandlung der Energie in Materie begünstigt , so daß viel Energie sich in Materie umwandeln kann , und wo Materie örtlich in sehr großem Überschuß vorliegt, wird die Umwandlung der Materie in Energie begünstigt , so daß sehr viel Materie sich in Energie umwandeln kann, ähnlich wie bei dem **Massenwirkungsgesetz** in der Chemie, die von der Konzentration abhängig ist.

Meines Erachtens sind die Sachen in der Natur sehr einfach konzipiert, sie werden nur durch Menschen schwerer gemacht bzw. schwerer gedacht .

Die Verhältnisse sind draußen im Universum keineswegs identisch mit den Bedingungen auf unserer Erde bzw. in unserem Labor. Deswegen sind auch die Ergebnisse nicht ohne weiteres miteinander vergleichbar. Z.B. so enorme Energiekonzentrationen sind auf unserer Erde oder gar in unserem Labor erst gar nicht vorstellbar.

Es ist also im Universum ganz unerläßlich, daß die enorm großen Energien gebunden werden, da sie sonst zu massiven Entgleisungen führen würden .

Deswegen gehört dieses Prinzip , das bisher ebenfalls unentdeckt geblieben war , zu den Grundprinzipien der Natur, und sorgt schonend dafür, daß freie Energie im Universum nur in dosierten Mengen vorliegt , damit sie keine Entgleisungen auslösen und nicht zum totalem Chaos führen kann , und ferner damit nur soviel Energie freigesetzt wird , wie nötig.

Wegen einer ausführlicheren Darstellung dieser faszinierenden Phänomene und wegen weiterer interessanten Theorien von mir **s. mein Buch „Das**

Geheimnis der Entstehung des Universums, meine DPNS-Theorie „ .

7. **Rückkopplung zwischen der Temperatur bzw. der Wärmeenergie einerseits und den anderen Energieformen andererseits** : Die Temperatur bzw. die Wärmeenergie begleitet normalerweise die anderen Energieformen und dadurch daß sie entgegengesetzte Wirkungen entfaltet , erfüllt sie eine Rückkopplungsaufgabe in der Natur, die **von enormer Bedeutung** ist. Sie verhindert damit Entgleisungen der großen Energiekonzentrationen, die im Universum häufig vorkommen .

Wegen einer ausführlichen Darstellung dieser äußerst interessanten Wechselwirkungen s. meine wissenschaftliche Arbeit über **„meine energetische Relativitätstheorie „**

8. **Rückkopplungsphänomene sind auch *in der Medizin*** bestens bekannt., und dienen der **Regulation bzw. der Feindosierung z.B. der Hormone**. So funktioniert z.B. beim Menschen das gesamte endokrine System . Z. B. das TSH (Thyreoidea-stimulierendes Hormon) des Hypophysen-Vorderlappens bewirkt die Produktion des Thyroxins (Schilddrüsenhormon) in der Schilddrüse. Das Thyroxin der Schilddrüse inhibiert jedoch seinerseits die Produktion des TSH, so daß dadurch die Produktion von TSH wieder zurückgeht und der Rückkopplungskreis geschlossen wird .

Dadurch wird verhindert, daß zuviel TSH produziert wird. So wird die Menge des TSH bzw. des Thyroxin ganz fein reguliert und angepaßt.

9. Ein weiteres gutes Beispiel für die Rückkopplungsphänomene im Bereich der Medizin ist ferner das Zusammenspiel zwischen dem ACTH (Adrenokortikotropes Hormon) , das ebenfalls im Hypophysenvorderlappen produziert wird , und der Cortisol-Synthese und -Sekretion in der NNR (Nebennirenrinde). Ein vermehrtes Ausschütten des ACTH des Hypophysenvorderlappens führt zu einer erhöhten Synthese und Sekretion des Cortisols der NNR , das seinerseits zu einer Suppression der Produktion des ACTH führt. Dadurch wird in diesem Kreis ebenfalls die Hormonmenge ganz fein reguliert und angepaßt.

Ohne solche Regelkreise und Rückkopplungsmechanismen würde im Universum nichts funktionieren und es wäre ein totales Chaos . Größere Entgleisungen wären an der Tagesordnung und das Universum wäre dadurch schon längst zerstört worden . Sie sorgen deswegen für die Stabilität und den Fortbestand des Universums .

Im übrigen auch für erhöhte CO2-Konzentrationen der Erdatmosphäre kennt die Natur ein Rezept, das sie schonmal mit großem Erfolg angewendet hat und zwar in der Kreidezeit, wo die CO2-Konzentrationen erheblich höher waren als heute (wegen der Näheren Einzelheiten s. **mein Buch „Klima und Energie"**).

Auch insofern ist eine größere Panik vor einer Klimakatastrophe nicht ganz begründet, da falls Menschen nicht vorher handeln und dafür sorgen sollten , daß die hohen CO2-Konzentration durch Bindung reduziert werden, wird die Natur selbst dafür Sorge tragen.

Kapitel 4

Meine Theorie

zur Ursache und Lösung der

Chaos-Phänomene

Chaos-Gesetze

Chaos-Phänomene gehören zu den neueren Entdeckungen und haben noch nicht einen ihrer Bedeutung angemessenen Platz in der Wissenschaft gefunden.

Es handelt sich dabei um faszinierende und äußerst rätselhafte Erscheinungen , deren immense Bedeutung für die Natur und für das gesamte Universum noch nicht ausreichend erkannt worden ist und deren Ursache bisher völlig im Dunkeln lag.

Chaos-Gesetze :

Faktor Entfernung oder Distanz (Nr. 1 und 2):

1. Im Nahbereich , bei kleinen nahen Distanzen bzw. Entfernungen und in den Bereichen **der kleinen und der mittleren Größen sind Lokalisationsbestimmungen und Vorhersagen aufgrund von Formeln im allgemeinen gut möglich , die Unschärfre ist dort äußerst gering.** Dies haben z.B. die **Pendelversuche** gezeigt . Ein weiteres Beispiel wäre eine **Schraubenfeder** , die mit verschiedenen Gewichten belastet wird . Durch diese Schraubenfeder sind exakte Berechnungen und vorhersagen in kleinen und mittleren Bereichen möglich, aber im Überdehnungsbereich , also in relativ größeren Bereichen wird der Zustand chaotisch, genauere Berechnungen und Vorhersagen sind nicht mehr möglich .

Das ist dadurch bedingt, daß mit größer werdender Entfernung bzw. Distanz weitere Faktoren hinzu kommen , die nicht vorhersehbar und nicht bekannt waren , schon kleinste Veränderungen können zu ganz anderen Ergebnissen führen . In diesen Bereichen kann nur mit **Wahrscheinlichkeiten** gearbeitet werden . Oder bei dem Beispiel Schraubenfeder wird durch Überdehnung der Linearitätsbereich verlassen .

2. Bei größer werdenden Distanzen und Entfernungen werden die Vorhersagen und Lokalisationen immer unschärfer, s. Abb.1 :

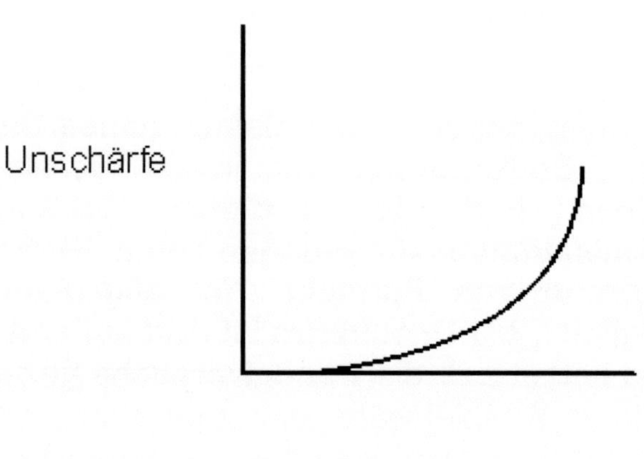

Abb. 1

Auch hier können der **Pendelversuch** und die **Schraubenfeder** als Beispiele erwähnt werden .

Bei größeren Entfernungen wird die Unschärfe u.a. auch deswegen immer größer , da die Wahrscheinlichkeit immer weiter zunimmt, in chaotische Phasen hineinzukommen bzw. sie zu durchlaufen.

Diese Tatsache, daß die **Entfernung bzw. die Distanz** bei der Frage der beschränkten Möglichkeit exakte Vorhersagen machen zu können , von fundamentaler Bedeutung ist , spielt insbesondere im Bereich der Astronomie eine äußerst wichtige Rolle , da bei der Astronomie es sich im allgemeinen um riesigen Entfernungen und Dimensionen von Lichtjahren handelt . **Deswegen müsste es selbstverständlich sein, daß insbesondere im Bereich der Astronomie exakte vorhersagen und Berechnungen mit sehr großer Unsicherheit behaftet sein müssen .**

Faktor Zeit (Nr. 3 und 4):

3. Je kleiner der Zeitablauf, umso größer ist die Exaktheit der Vorhersagen und Lokalisationen .

4. Und umgekehrt je größer der Zeitablauf, umso größer die Unschärfe und die Unexaktheit der Ereignisse.

Die meisten Formeln enthalten keinen Zeitfaktor und berücksichtigen somit die Zeit überhaupt nicht .

Je länger aber Zeit verstreicht , desto **unexakter** muß das Ergebnis der Berechnung bzw. die Vorhersage sein , **da je länger die Zeit ist , die dazwischen liegt, umso größer haben verschiedene nicht vorhersehbare Zufälle und Faktoren die Möglichkeit einzuwirken und umso öfters besteht**

die Wahrscheinlichkeit chaotische Phasen zu durchlaufen (vergl. meine nachfolgende Theorie), s. Abb. 2 :

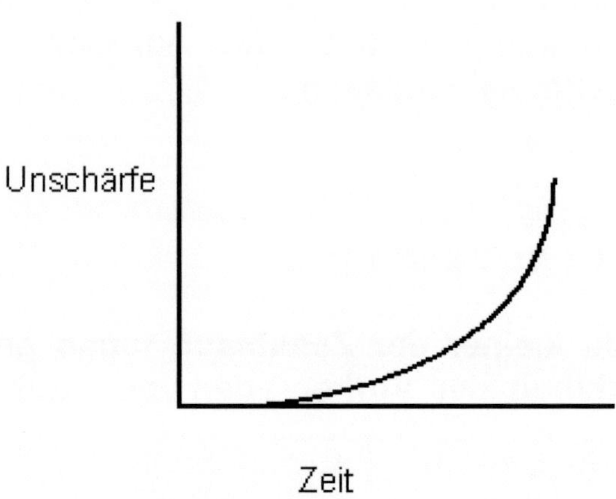

Abb. 2

Solange es sich um Minuten, Stunden , Monate oder Jahre handelt, mögen diese Unschärfen noch klein sein , die Sache wird aber extrem wenn es sich um Jahrhunderte, Jahrtausende , Millionen oder sogar Milliarden von Jahren handelt .**Durch den Faktor Zeit kann dadurch ein Ergebnis so beeinflusst werden , daß dadurch auch nicht ungefähr ein Ergebnis vorausberechenbar oder voraussehbar wird .**

Ich habe mich immer stark gewundert, daß einige Astronomen versuchen durch Formeln die

genauen Einzelheiten, die genauen Verhältnisse ,
die genauen Parametern und einzelne Zahlen zur
Zeit des unterstellten sogenannten Urknalls , also
vor mindestens ca. 10-15 Milliarden Jahren zu
berechnen und sogar noch einen Schritt weiter
gehen und meinen die Richtigkeit einzelne
kosmologischen Theorien alleine durch einige
Formeln überprüfen zu können .

Oder es wird immer wieder versucht, durch bloße
Formeln Zahlen zu ermitteln über einzelne Sterne ,
die mehrere Milliarden Lichtjahre von uns entfernt
sind.

Welchen Wert diese Berechnungen haben geht
aus den obigen Ausführungen eindeutig hervor .
Danach durfte der Wert nicht allzu groß sein .

5. Ein   Chaos   kann   wieder   in   einen
Ordnungszustand übergehen und umgekehrt ein
Ordnungszustand kann jederzeit wieder chaotisch
werden.   Dies scheint sogar die Regel zu sein .

Diese Übergänge können sich oft wiederholen .

Das ist auch einer der Gründe , weshalb der Zeitfaktor
eine wichtige Rolle spielt bei dem Ausmaß der
Unschärfe , da je länger Zeit verstreicht ,   um so
häufiger Chaos-Zustände durchlaufen können

6. Bevor ein Ordnungszustand in einen Chaotischen Zustand übergeht gibt es öfters bestimmte Alarmzeichen. Eines dieser Alarmzeichen ist die Verdopplung der Periode (d.h. Verlangsamung um die Hälfte) ,s. Abb. 3 :

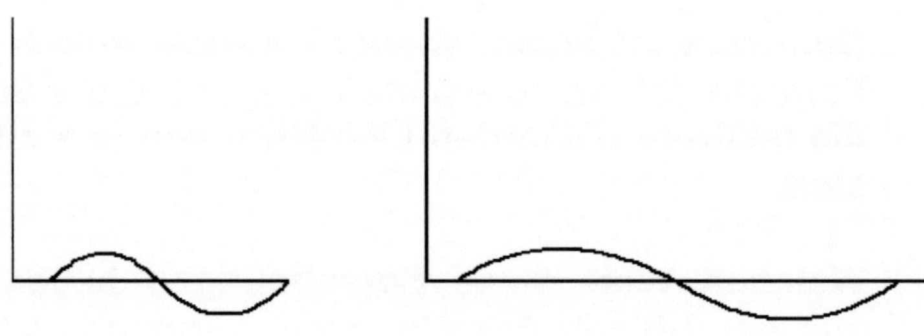

Abb. 3

7. Auch bei einem Chaos-Zustand ist nicht alles total chaotisch, sondern es gibt auch dort durchaus eine gewisse Ordnung bzw. bestimmte Regeln .

Wenn wir z.B. bei dem schon erwähnten **Pendelversuch** die Ergebnisse des Experiments aufzeichnen, werden wir sehen, **daß auch das Chaos nach einem bestimmten Muster vor sich geht .**

Ein weiteres Beispiel wären die **Sterne am Himmel**. Ihre Positionen sind zwar aus dem Chaos –Zustand zufällig hervorgegangen , bei genauen Hinschauen werden wir aber auch dort ein **bestimmtes Muster** feststellen (vergl. auch **meine wissenschaftliche Arbeit über „ Die Verteilung der Sterne)**.

Ein 3 . ebenfalls sehr gutes Beispiel wäre die Sonnenaktivität , die bedingt ist durch das **Magnetfeld der Sonne** . Wir wissen, daß das Magnetfeld der Sonne chaotisch ist . Innerhalb dieses Chaos gibt es aber eine Regelmäßigkeit, derart daß die **Sonnenaktivität** und somit auch das Magnetfeld einen regelmäßigen **11-jährigen Zyklus** zeigt , d.h. alle 11 Jahre ein Maximum aufweist .

8. Nicht alle Systeme verhalten sich gleich.

Es gibt Systeme , die im allgemeinen gut berechenbar und recht stabil sind , sodaß Vorhersagen auch über längere Zeiträume gut möglich sind. Hier sind z.B. die Planetenbahnen unseres Sonnensystems zu erwähnen.

Es gibt aber Systeme , bei denen öfters chaotische Zustände auftreten bzw. bei denen chaotische Phasen überwiegen , sodaß hier Vorhersagen fas unmöglich sind.

Es gibt auch Systeme, die dazwischen liegen .

Meine Theorie über die Ursache des Chaos-Phänomens :

Die Materie bzw. Elementarteilchen und ihre Bestandteile befinden sich ständig in einem Schwingungszustand zwischen dem materiellen und dem Energiezustand (immateriellen Zustand). Es handelt dabei um äußerst schnelle Schwingungen , wie bei den Materiewellen

$$M \longleftarrow \longrightarrow E$$

Wir wissen seit de Broglie, daß Materie aus Materiewellen besteht . Jede Welle besteht bekanntlich aus sogenannten Knoten und Bäuchen .

Diesen Zustand der Materie kann man sich vorstellen als eine Art **Resonanzzustand** .

Gemäß meiner Theorie sind die Knoten vergleichbar mit dem materiellen Zustand, und die Bäuche mit dem Energiezustand der Materie.

Außerdem bewegen sich die Teilchen und ihre Bruchteile sehr unregelmäßig, nach den Wahrscheinlichkeitsgesetzen.

Die Teilchen befinden sich somit ständig in Umwandlung
und Änderung. Ein Teilchen ist nicht einmal Bruchteile einer
Sekunde später das, was es vorher war

Die Materie ist deswegen gleichzeitig sowohl materiell als
auch immateriell, d.h. sie hat gleichzeitig materielle und
immaterielle Eigenschaften, wie wir oben dargestellt haben .

**Exakt diese Schwingungen zwischen dem
materiellen und Energiezustand der Materie sind
auch die Ursache der Chaos-Phänomene .**

Der materielle Zustand ist ein **geordneter** und relativ stabiler
Zustand , während der Energiezustand bzw. der
Wellenzustand einen **ungeordneten Zustand** darstellt , wie
man sich leicht vorstellen kann . Die Materie schwingt
deswegen ständig zwischen einem geordneten und einem
ungeordnetem d.h. **chaotischen Zustand** , und trägt
deswegen buchstäblich in sich neben einer geordneten ,
auch eine **chaotische Anlage . Dies ist der Materie
sozusagen angeboren .**

**Das ist die Ursache der Chaos-Phänomene nicht
nur auf unserem Planeten , sondern auch im
ganzen Universum .**

Dies erklärt gleichzeitig auch weshalb die Chaos-
Phänomene so verbreitert sind und überall anzutreffen sind ,
weil es zu den Grundeigenschaften der Materie gehört , auch
chaotisch zu reagieren . Es wäre geradezu völlig

unverständlich, wenn die Chaos-Phänomene nicht existieren würden .

Diese Theorie erklärt gleichzeitig auch sämtliche Chaos-Gesetze (vergl. meine wissenschaftliche Arbeit über die Chaos-Gesetze) .

So kann man auch sehr gut verstehen, weshalb z.B. die berechenbaren geordneten Zustände sich mit den chaotischen Zuständen abwechseln , weshalb mit der Länge der Zeit und der zunehmenden Entfernung auch die Chaos-Phänomene zunehmen .
So ist auch jetzt völlig verständlich , weshalb die geordneten Zustände in chaotische Zustände übergehen können und umgekehrt .

Wir sollten aber eines hier nicht versuchen, was vielfach versucht wird , **nämlich nicht versuchen auch für die Chaos-Phänomene Formeln bzw. Gleichungen zu entwickeln** , um z.B. Berechnungen vorzunehmen oder um Vorhersagen machen zu können . Wenn wir das versuchen, dann haben wir das gesamte Fundament und das gesamte Wesen der Chaos-Phänomene nicht verstanden .

Insbesondere die Chaos-Phänomene und überhaupt die ganze Natur und das ganze Universum lassen sich keine Fesseln anlegen . Dies hat auch durchaus **einen tieferen Sinn** : Wäre es nicht so, so hätte das Universum und die ganze Natur keineswegs diese ganze Vielfalt zustande bringen können , die wir heute sehen .

Die ganze Natur und das ganze Universum müssen sich frei entwickeln und entfalten können, um diese Vielfalt zu erreichen. Jegliche Formeln und Gleichungen würden Hemmschuhe darstellen. Die Natur braucht viel Phantasie und Zufall . Ohne sie hätte das Universum nicht viel zustande bringen können .

Andererseits braucht das Universum gleichzeitig auch eine gewisse Ordnung . Z.B. die Bahnen der Planeten unseres Sonnensystems brauchen unbedingt eine gewisse Ordnung und Stabilität , d.h. ziemlich stabile Bahnen . Auch die Entwicklung des Lebens setzt ziemlich stabile Bedingungen voraus . Z.B. allzu große Temperaturschwankungen , insbesondere Verschiebungen der Temperatur in erheblich höheren Bereichen wären tödlich und würden jegliches Leben auslöschen .

Die Tatsache, daß unsere Erde mittlerweile seit ca. 4,6 Milliarden Jahre existiert und seit ca. 4 Milliarden Jahren Leben darauf entstanden ist , das sich im Laufe der Evolution konsequent weiterentwickelt hat, zeigt, daß im Universum durchaus auch geordnete und ziemlich stabile Zustände über längere Zeiträume existieren und sich etablieren können .

Es bleibt an dieser Stelle nochmals nachzudenken über den Sinn unserer gesamten Formeln (Näheres s. mein Buch „ Revolution der Astronomie und Physik") .

Kapitel 5

Versetzte Nullsysteme

und

ihre Geheimnisse

Eines der größten Entdeckungen von mir in der Natur bzw. im Universum ist die Entdeckung des versetzten Nullsystems.

Versetzte Nullsysteme kommen im Universum bzw. in der Natur häufig vor, sind sehr weit verbreitert und spielen eine **gigantische** Rolle, wie wir gleich sehen werden.

Es handelt sich um Systeme, die aus einem **Plus** und einem **Minus** aufgebaut sind, die hintereinander laufen bzw. mit einer **Phasenverschiebung** nacheinander erscheinen . Wenn Sie zusammen erscheine würden , so würden sie sich bekanntlich neutralisieren und zu einer Null führen . Wenn sie aber getrennt erscheinen , so können Sie Erstaunliches bewirken.

36

Diese Systeme können aus einer Null entstehen, indem sich die Null in einem Plus und Minus mit gleichem Zahlenwert teilt , wie z.B. +2 und –2).

Zunächst möchte ich anhand einer **Sinuskurve** erläutern und besser veranschaulichen , worum es sich hier handelt.:

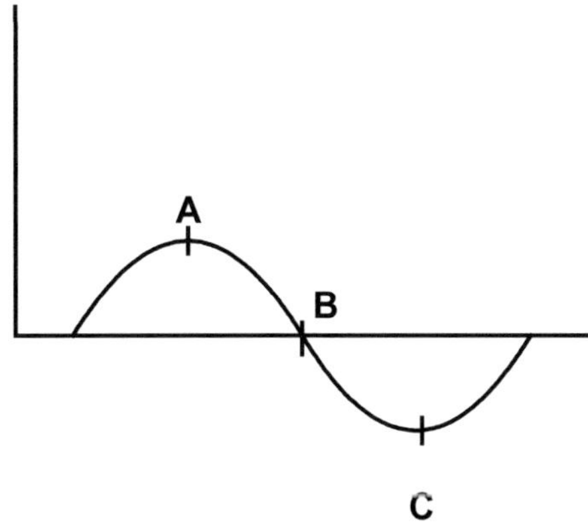

Wir   nehmen einmal an   , daß diese Sinuswelle eine elektrische Spannung repräsentieren würde . Wenn wir an verschiedenen Punkten dieser Sinuswelle Messungen durchführen würden, so würden wir feststellen, daß selbstverständlich an verschiedenen Punkten verschiedene Werte gemessen würden . Z.B. am Punkt B   (d.h. beim Durchgang durch die 0-Linie) wäre der gemessene Wert gleich 0 , während beim Punkt A der Wert maximal groß wäre , z.B.+ 400 Volt , und beim Punkt C der Wert   gleich

-400 Volt wäre . .Bei allen anderen Punkten dazwischen würden wir verschiedenen Werte ermitteln, die dazwischen liegen .

Also alle Werte, die bei der positiven Halbwelle gemessen werden, d.h. alle Plus-Werte wiederholen sich bei der negativen Halbwelle, als Minus-Werte .

Da bekanntlich die Addition von einer +Zahl mit einem -Zahl eine 0 ergibt, wenn beide Zahlen gleich sind (z.B. +5 und – 5) , ist das Ergebnis der Addition bzw. die Summe der positiven und der negativen Halbwelle gleich 0 .

Diese beiden Halbwellen erscheinen jedoch nicht gleichzeitig, sondern haben eine **Phasenverschiebung** gegeneinander , d.h. sie sind **versetzt** . .

Es handelt sich somit um ein phasenverschobenes bzw. versetztes Nullsummensystem .

Nachfolgend möchte ich einige wichtige Beispiele für **versetzte Null-Systeme** erwähnen und kurz erläutern:

1. Das ganze Universum ist dadurch entstanden und so aufgebaut (s. meine DPNS-Theorie der Entstehung des Universums, in meinem Buch „ Das Geheimnis der Entstehung des Universums, meine DPNS-Theorie").

2. Die gesamten elektromagnetischen Wellen (Licht, Rö.-Strahlung, Gamma-Wellen, Radiowellen usw.) , die in unserem Universum ebenfalls eine immense Rolle spielen, sind so aufgebaut und so zustande gekommen. Die gesamten Informationen , die wir von unserem gesamten Universum erhalten, sind durch elektromagnetische Wellen zu uns übertragen worden, z.B. so sehen wir die gesamten Sterne nachts am Himmel **(s. meine Bücher „ Große Geheimnisse des Universums, Bd. I und Bd. II").**

3.   Aber auch alle anderen Schwingungen sind nach diesem Prinzip zustande gekommen , z.B. die **Schallwellen** Ultraschallwellen ,usw.

4. Auch die gesamten Kreisläufe in der Natur beruhen auf einem ähnlichen Prinzip.

5.   Sogar und insbesondere unsere Computer sind nach diesem Prinzip aufgebaut , nämlich aus Plus und Minus und funktionieren so. Wenn sie zusammen erscheinen würden , so würden sie sich gegenseitig aufheben und es würde eine Null entstehen .
Aber dadurch, daß Plus und Minus nacheinander erscheinen, können Sie Erstaunliches bewirken, d.h. die gesamte Funktion des Computers .Die ganze **Speicherfunktion** des Computers beruht darauf und ist aufgebaut nur aus 2 Zeichen , nämlich einem Plus und einem Minus, die nicht zusammen , sondern nacheinander auftreten, da sie sich sonst gegenseitig aufheben würden und eine Speicherung dann nicht möglich wäre.

Haben Sie sich schon darüber Gedanken gemacht, weshalb die elektromagnetischen Wellen , wie z.B. die Lichtwellen, so enorm stabil und unvergänglich sind, daß sie über viele Milliarden von Jahren sich ausbreiten können und es so z.B. ermöglichen, daß das Licht von Sternen, die 10-15 Milliarden Jahre von uns entfernt sind hier bei uns ankommt?

Auch das liegt darin, daß sich bei den elektromagnetischen Wellen **es sich um versetzte Null-Systeme handelt** , und das ist auch **ihr Hauptgeheimnis , das ebenfalls bisher nicht entdeckt worden war .**
Da ist jedoch nur einer der Gründe, wenn auch der Hauptgrund .

Ein weiterer Grund ist die **Resonanzbildung.** Doch wegen einer ausführlicheren Darstellung dieser Phänomene s. **mein Buch" Physik und Astronomie in der Sackgasse"** und ferner **meine wissenschaftliche Arbeit "Sinn und Zweck der Resonanzen in der Natur " .**

zusammengefasst, bei den versetzten Null-Systemen , die bisher unerkannt und unentdeckt geblieben waren , handelt es sich um eines der größten und wichtigsten Prinzipien der Natur bzw. des Universums , da praktisch alles darauf aufgebaut wird .

Kapitel 6

Meine DPNS-Theorie

(Dynamische phasenverschobene

Nullsummen-Theorie)

Diese Theorie ist sehr ausführlich dargestellt **in meinem Buch,, Das Geheimnis der Entstehung des Universums, meine DPNS-Theorie ,,** und wird hier im Rahmen dieses Kapitels nur als Ergänzung der Thematik dieses Buches kurz erwähnt, da es sich ebenfalls um ein versetztes Null-System handelt, das nacheinander Plus- und Minuswerte annimmt

Wenn Sie sich näher für diese Thematik interessieren , möchte ich Sie deswegen verweisen auf mein oben genanntes Buch, das neben einer erheblich ausführlicheren Darstellung meiner DPNS-Theorie, einige weitere interessante Theorien von mir sowie viele faszinierende Darstellungen und Ausführungen aus dem Gebiet der Astronomie und Schöpfung beinhaltet .

Nach meiner DPNS-Theorie ist das Universum aus 0 hervorgegangen und ist ein kugelförmiges, dynamisches und phasenverschobenes Nullsummen-System, das Pulsationen durchführt zwischen 0 und unendlich , d.h. daß mal größer und schließlich unendlich groß wird ,und mal kleiner wird und schließlich einen 0-Wert annimmt , wobei zwischen diesen 2 Zuständen viele Milliarden von Jahren liegen. Es handelt sich um riesige Schwingungen zwischen Nichts (0) und Alles (unendlich).

Am Anfang der Expansionsphase steht die Zeit bei 0 und fängt an zu laufen. Es entsteht laufend Raum , d.h. der Raum wird immer größer , und es entsteht laufend Energie , wobei aus der Energie laufend Materie entsteht. Am Ende der Expansionsphase bzw. am Anfang der Kontraktionsphase fängt die Zeit, nach kurzem Stillstand wieder an zu laufen, jedoch in umgekehrter Richtung ,der Raum wird dann immer kleiner und auch die Energie wird immer geringer, wobei aus der Energie laufend Antimaterie entsteht .

Wir wissen aus der Physik, daß Energie und Masse äquivalent sind, d.h. daß sie gleichwertig sind . Sie können sich ferner ineinander umwandeln.

Es ist im übrigen mittlerweile experimentell nachgewiesen worden, daß das Vakuum ist nicht leer ist, wie früher geglaubt worden war, sondern daß dort sich Elementarteilchen befinden, die sich laufend in Energie umwandeln und umgekehrt. **Es entsteht** anscheinend aus Nichts durch die sogenannte Quantenfluktuation laufend Materie.

Diese Theorie basiert auf den Gesetzen und Prinzipien der Mathematik und Physik , auf Beobachtungen und Experimenten der Physik , auf Naturgesetzen , sowie auf den Beobachtungen der Natur, Gleichzeitig wird diese Theorie dadurch bewiesen.

Ergänzend möchte ich ferner an dieser Stelle verweisen insbesondere auf meine folgenden wissenschaftlichen Arbeiten : "Hinter den Quasaren", "Leuchtfeuer am Scheitelpunkt des Universums", "Am Anfang war es ganz düster ", " Die pränatale Galaxie- und Sternentwicklung bzw. die Entstehung der Materie ", „Das Geheimnis der Galaxien" , "Wo befinden wir uns im Universum?", "Reise tief ins Universum", "Das verzerrte Universum", "Wir rasen durchs Universum", "Ist die Bezeichnung Raum-Zeit-Kontinuum sinnvoll ?", "Entfernung als Maßstab für die Vergangenheit?", Das Alter des Universums " , "Weshalb ist das Universum so groß?" , und möchte darauf hinweisen, daß jede wissenschaftliche Arbeit u.a. mindestens eine Theorie von mir beinhaltet.

Kapitel 7

Das Universum

Als Selbsterzeugungs- ,

Selbstentwicklungs- ,

Selbstunterhaltungs-,

und Selbstversorgungs- ,bzw.

Selbstbedienungssystem

Bei dem Universum handelt es sich um ein Selbsterzeugungs-,Selbstentwicklungs-,Selbstunterhaltungs- und Selbstversorgungs-, bzw. Selbstbedienungssystem .

Alles, was benötigt wird, wird selbst erzeugt bzw. besorgt. Folgende Beispiele mögen dies verständlich machen:

1. **Bewegung, insbesondere Rotation und Umkreisung** : wir wissen, daß die meisten Himmelskörper, wie Sterne, Planeten , Galaxien usw. rotieren . Ferner wissen wir, daß Umkreisungen sehr häufig sind, z.B. ist bekannt ,

daß alle Planeten unseres Sonnensystems, genau so wie unsere Erde unsere Sonne umkreisen .

Wir wissen seit einiger Zeit, daß alle dieser Rotationen und Umkreisungen sozusagen von selbst zustande gekommen sind (**vergl. auch meine diesbezüglichen wissenschaftlichen Arbeiten**).

2. **Erzeugung von Hierarchien** : Es ist bekannt, daß z.B. alle Planeten unseres Sonnensystems unsere Sonne umkreisen und auf Ihren Bahnen sozusagen von unserer Sonne festgehalten werden . Größere Himmelskörper können kleinere Himmelskörper in ihre Gewalt bringen, da sie über größere Gravitationen verfügen.
Die kleineren Himmelskörper, die so in die Gewalt der größeren Himmelsobjekte gekommen sind, umkreisen diese Milliarden Jahre. Eine Flucht ist so gut wie ausgeschlossen .

Diese Hierarchie wird also , wie wir oben gesehen haben, im Universum ganz von selbst erzeugt

3. **Erzeugung hoher Temperaturen** : Wir wissen, daß zur Thermonuklearen Reaktionen sehr hohe Temperaturen erforderlich sind . Diese enorm hohen Temperaturen werden im Universum ebenfalls von selbst erzeugt, obwohl es im Universum normalerweise äußerst kalt ist und die Temperaturen von nur wenig über dem absoluten 0 Grad Kelvin herrschen .

Wie erzeugt nun das Universum diese hohen Temperaturen ?
Durch enorm hohe Kompression bzw. Verdichtung.

Dies geschieht so, daß z.B. wie bei der Sternentstehung die Atome sich gegenseitig durch ihre Gravitationskraft anziehen, so daß hier und da im Universum zur Kondensationen bzw. Verklumpungen kommt , die sich durch Anlagerung weiterer Atome weiter vergrößern . Dadurch nimmt die Gravitation immer weiter zu und führt langsam zu einer gewaltigen Kompression der Atome, so daß dadurch die Temperatur zunimmt und gewaltige Werte von mehreren Millionen Grad annehmen kann, so daß thermonukleare Reaktionen eingeleitet und aufrecht erhalten werden .
Es entstehen so neue Sterne, und zwar wiederum ganz von selbst.

4. **Erzeugung von Licht :** Sobald die Sterne , wie oben beschrieben , entstehen,   fangen sie an zu leuchten , und zwar wieder ganz von selbst .

5. **Umwandlungen** : Wir wissen , daß Energie und Materie äquivalent sind , d.h. gleichwertig sind und ineinander umgewandelt werden können . Diese Umwandlungen führt ebenfalls keiner herbei, sondern werden im Universum von selbst herbeigeführt (Näheres s. meine DPNS-Theorie und meine wissenschaftliche Arbeit bzw. Theorie „ Die pränatale Galaxie- und Sternentwicklung „) .

6. **Recycling** : Auch die Recyclingvorgänge werden in der Natur von alleine herbeigeführt und haben den Sinn, daß   die   Ausgangsmaterialien   immer   wieder verfügbar sind und ferner daß die Endprodukte sich nicht beliebig anhäufen .

7. Kreisläufe : auch die verschiedenen Kreisläufe entstehen in der Natur von selbst und haben denselben Sinn wir die Recyclingvorgänge . Hier   ist z.B. den Kreislauf von Wasser zu nennen .

Es kam mir darauf an, diese Beispiele hier nur kurz zu erwähnen, da eine ausführliche Einzeldarstellung den Rahmen dieses Buches gesprengt hätte.

Kapitel 8

Weshalb ist das Universum so groß?

Das Universum ist bekanntlich riesengroß und dürfte einen Durchmesser in der Größenordnung von ca. 38-48 Milliarden !! Lichtjahre haben. (vergl. auch **mein Buch „ Revolution der Astronomie und Physik „**) .

Haben Sie sich schonmal darüber Gedanken gemacht, weshalb das Universum so groß ist ?

Es ist bekannt, mit welchen großen Problemen eine Reise zum Mond verbunden ist. Eine bemannte Reise zu Mars, ist schon erheblich schwieriger , und dürfte hin und zurück mindestens ca. 1 Jahr dauern , obwohl es sich dabei um unseren nächsten Planeten handelt , und ist einer der nächsten Vorhaben der Menschheit. Eine Reise zu einem noch entfernteren Objekt würde erheblich länger dauern, auch bei Weiterentwicklung der Technik und dürfte erhebliche Probleme mit sich bringen, wie das Problem Schwerelosigkeit über längere Zeit , die mit Muskel- und Knochenatrophien verbunden wäre bzw. Gravitationsersatz , Versorgung usw.

Wenn schon eine Reise zum Mars erhebliche Probleme bereitet, wie würde es aussehen mit einer Reise zu den Himmelsobjekten, die Lichtjahre von uns entfernt sind?

Wie wissen zwar nicht, wie die Technik von morgen aussehen wird, es ist aber offensichtlich, je größer die Entfernung, desto schwieriger wird es. Bei sehr großen Entfernungen kann man dies sogar völlig ausschließen.

Die oben gestellte Frage kann ich jetzt beantworten:

Durch diese enorme Größe und damit durch die riesengroßen Entfernungen ist im Universum **für alle Zeiten völlig sichergestellt, daß niemals irgendwann jemand zu entfernten Gebieten des Universums gelangen kann**. Diese großen Dimensionen sind somit für alle Zeiten völlig unüberwindbar .

Der Sinn liegt meiner Meinung nach u.a. darin, daß es völlig unmöglich gemacht worden ist, daß jemand irgendwann das gesamte Universum zerstören kann .

Z.B. die Menschheit oder andere intelligente Lebewesen anderswo im Universum könnten theoretisch völlig räumlich engbegrenzte Gebiete des Universums zerstören, **aber niemals das ganze Universum.**

Es handelt sich somit um eine Art **Schutzfunktion** der Natur, auch wenn das nur einer der Gründe sein mag .

Es gibt aber auch einen weiteren wichtigen Grund:

Die **Entwicklungszeit** des Universums , während der
Expansions- oder Kontraktionsphase (Entstehung der
Energie, Entstehung der Materie aus Energie, Entstehung
der Galaxien und Sterne , Entwicklung der enorm hohen
Geschwindigkeiten , dann Umwandlung der Materie in
Energie usw.) braucht einfach so lange Zeit und somit auch
Raum (wegen der ausführlichen Einzelheiten s. **mein Buch
„ Das Geheimnis der Entstehung des Universums, meine
DPNS-Theorie"**).

Kapitel 9

Evolution

Als Beispiel für Selbsterzeugungs-

und

Selbstentwicklungssystem

Meine Theorie

Von Ursache und Mechanismus

der Evolution

Wer führt eigentlich die Evolution herbei bzw. was ist die eigentliche Ursache der Evolution? Wie funktioniert sie ?

Meine nachfolgende Theorie von Ursache und Mechanismus der Evolution beantwortet diese Fragen:

Die DNA-Moleküle haben nicht nur die Fähigkeit des Lebens, sondern sie haben bereits eine Art **quasi Instinkt zum Überleben, können bereits planen, organisieren , ausprobieren ,und müssen auch in gewissem Umfang quasi denken können .** Das (quasi) Denkvermögen der DNA-Moleküle ist selbstverständlich nicht so differenziert , detailliert und kompliziert vorzustellen, etwa wie beim Menschen, sondern als ein Denkvermögen sehr einfacher Art , vergleichbar etwa mit einem Instinkt. zum Überleben , Überlebensstrategien zu entwickeln bzw. auszuprobieren und das, was wir eben als Evolution der Lebewesen bezeichnen. Anders ist die Evolution nicht vorstellbar.

Unser Denkvermögen bzw. das Denkvermögen unseres Gehirns ist selbstverständlich erheblich differenzierter und komplizierter und deswegen überhaupt nicht vergleichbar und weit entfernt von dem sehr einfachen (quasi) Denkvermögen der DNA, da abgesehen davon , daß die Chromosomen selbstverständlich kein Gehirn besitzen und nur Moleküle sind, unser Gehirn und somit unser Denkvermögen durch die Evolution im Laufe mehrerer Milliarden Jahren nach und nach und Schritt für Schritt sich entwickelt und perfektioniert hat , allerdings Dank der DNA-Steuerung.

Die Darwinsche Theorie der natürlichen Selektion kann nur einiges erklären , jedoch keineswegs die gesamten Vorgänge der Evolution. Die normalen Nachkommen der einzelnen Tiere können zwar etwas verschieden sein, jedoch niemals so verschieden , daß z.B. die normalen Nachkommen der Landtiere Flügel hätten, auch nicht andeutungsweise.

Nur mit der natürlichen Selektion und Kampf ums Überleben bzw. Weiterkommen der robusteren Nachkommen können keineswegs alle Probleme der Evolution gelöst werden , sondern bestenfalls nur minimale Veränderungen.

Die Rolle der DNA muß dringend überdacht und erweitert werden. Bei DNA handelt es sich keineswegs um passive Moleküle ,wie bisher angenommen worden ist, die etwa von anderswo Befehle bekommen würde, sondern es handelt sich durchaus um <u>aktive</u> Moleküle , mit der Eigenschaft des aktiven Lebens, d.h. sie sind selbst das Leben und die Komando-Zentralen der aktiven Lebensvorgänge

Im Rahmen dieses Buches konnte leider nicht noch ausführlicher auf diese Probleme eingegangen werden. Deswegen muß wegen einer ausführlicheren Darstellung dieser äußerst interessanten Problematik auf **mein Buch „Leben, Krankheit , Alter, Tod" verweisen werde, das auch weitere sehr interessante Theorien von mir beinhaltet.**

In der Natur ist im Laufe der Milliarden Jahre alles mögliche von den DNA-Molekülen bzw. Chromosomen **ausprobiert** worden. Das Ergebnis sind die verschiedenartigsten Lebewesen, die entstanden sind. Wenn sich eine Sache nicht bewährt hat, so wurde deswegen wieder eliminiert. Z.B. einige entstandenen Arten bzw. Lebewesen hatten Eigenschaften, die für das Existieren nicht geeignet waren. Z.B. einige Tiere verfügten nicht über ausreichende Verteidigungsmittel, und wurden deswegen laufend von anderen Tieren gefressen und hatten so keine Chancen längere Zeit weiter zu bestehen bzw. zu überleben und starben deswegen völlig aus. Einige Tieren waren zu groß , zu klotzig und völlig irrationell gebaut , so daß sie z.B. auf enorm große Nahrungsmengen angewiesen waren , die schwer zu beschaffen waren und starben deswegen wieder aus.

Eigenschaften , die sich nicht bewährten wurden durch die Evolution abgeschafft.   Es sind im Laufe der Evolution sogar ganze Spezies wieder verschwunden. So sind bis jetzt sage und schreibe ca. 500 Millionen Arten durch die Evolution ganz abgeschafft worden.

Nach einer weiteren Theorie von mir, war dies auch die ***Ursache des Aussterbens der Dinosaurier,*** da sie viel zu groß und somit völlig irrationell gebaut waren und dies mit enormen Nachteilen verbunden war. Es ist ferner denkbar, daß ihre inneren Organe, wie z.B. ihre Herzen nicht in der Lage waren die Pumpenfunktion bei größeren Belastungen effektiv aufrechtzuerhalten , so daß z.B. größere Belastungen zu Herzinsuffizienz führten, oder daß ihre Lungen ebenfalls wegen der enormen Körpergröße z.B. nicht in der Lage waren, bei hohen Belastungen das Blut mit ausreichend Sauerstoff zu versorgen , so daß bei Belastungen Erscheinungen der Lungeninsuffizienz auftraten und das Leben erheblich erschwerten , usw. **Sie starben wieder durch die Evolution, die sie geschaffen hatte, da sie sich nicht bewährt hatten (Näheres s. meine wissenschaftliche Arbeit „ Meine Theorie der Ursache des Aussterbens der Dinosaurier").**

Die   anderen Theorien , wie die Theorie der dünnen Eierschalen oder die Theorie des Meteoriten-Einschlages als Ursache des Aussterbens der Dinosaurier halten einer ernsthaften Überlegung und Überprüfung nicht statt.

Weshalb starben z.B. nicht auch die anderen Lebewesen bei dem Meteoriteneinschlag?

Es muß ein intensiver Erfahrungsaustausch bzw. Kommunikation zwischen den Chromosomen und der Umwelt stattfinden , derart, daß die Chromosomen von den Geschehnissen der Umwelt erfahren, damit sie in die Lage versetzt würden, sich darauf einzustellen bzw. weiter zu planen, ähnlich wie unsere Sinnesorgane über die peripheren Nerven die Reize zum Gehirn weiterleiten , damit dort die Reize bzw. die Signale weiter verarbeitet werden und evt. Reaktionen erfolgen können.
Z.B. wenn eine bestimmte Tierart nicht über ausreichende Verteidigungsmittel verfügt und laufend von den anderen Tieren gefressen wird, oder nicht über ausreichende Schutzvorrichtungen gegenüber den Naturereignissen hat, und laufend beschädigt oder vernichtet wird , erfahren die Chromosomen davon und versuchen entweder die Tierart zu verbessern, z.B. durch Abwehrmechanismen ,oder diese Tierart stirbt ganz aus, weil eine anderweitige Korrektur durch die Chromosomen nicht mehr möglich war (wie z.B. bei den Dinosauriern) .

Später , als im Laufe der Evolution Arten entstanden, die über ein Gehirn verfügten, wurden diese aktiven Eigenschaften der Chromosome , wie planen , Überlebensstrategien entwickeln und das quasi Denkvermögen , durch die Gehirne teilweise übernommen , vervollständigt und verbessert.

Es gibt im Universum Grenzen für jede Sache, wie z.B. für die Größe , für Temperatur und auch für andere Eigenschaften . Die Natur läßt jeweils bestimmte Grenzen d.h. Toleranzen zu, die eingehalten werden. **Sollte irgendwann etwas in der Natur entstehen, das diese Grenzen nicht einhält , so wird es automatisch wieder eliminiert werden, da es z.B. instabil wäre oder würde**. Z. B. für Galaxien gibt es Grenzen für deren Größe. Alle Galaxien, die wir kennen, befinden sich innerhalb dieser Grenzen . Es gibt z.B. keine Galaxien, die diese Grenze erheblich über- oder unterschreiten würden, d.h. Riesendimensionen hätten gegenüber den anderen Galaxien.

Genauso ist mit den Sternen. Auch sie sind kleiner oder größer, es gibt aber keine Sterne , die Riesendimensionen hätten gegenüber den anderen . Jeweils ein bestimmter Faktor der Größenabweichung wird in der Natur zugelassen, die toleriert wird. Wenn irgendwann Gebilde entstehen, die diese Toleranzgröße erheblich über- oder unterschreiten, so würden sie automatisch wieder eliminiert werden, da z.B. sie instabil würden.

Das Ausprobieren bzw. experimentieren ist nach meiner Meinung das eigentliche Mittel der Evolution .
Wir müssen uns vergegenwärtigen, daß die Evolution sehr lange Zeit hat für solche Experimente, d.h. Millionen und Milliarden Jahre . Alles , was nicht richtig lebensfähig oder irrationell ist, wird wieder eliminiert, und alles, was eine echte Verbesserung darstellt und besser lebensfähig ist , wird weiter entwickelt.
Dazu ist ein aktives Denken , wenn auch anders als in herkömmlichen Sinne, und Erfahrungsaustausch bzw. Kommunikation mit der Umwelt erforderlich , wozu die Chromosomen , wie oben angedeutet, in der Lage sind.

Der Instinkt bzw. das (quasi) Denkvermögen (im obigen Sinne) der DNA ist die eigentliche Ursache der Evolution.

Diese Theorie wird bewiesen z.B. durch die **Viren** , die praktisch nur aus Nukleinsäure bzw. Chromosomen bestehen , so daß alle ihre Eigenschaften und Fähigkeiten inklusive aller aktiven Lebensvorgänge nur durch ihre Nukleinsäure-Moleküle erklärbar sind und nur von ihnen geschaffen bzw. bewerkstelligt werden müssen . Die Viren haben bekanntlich bereits die Fähigkeit virulent zu werden, die Wirtszellen zu befallen , an die Zellen anzudocken , in die Zellen zu penetrieren , sich zu vermehren und so zu überleben. Sie haben bereits die Fähigkeit sich weiter zu entwickeln und ihre Eigenschaften zu verbessern.

Einige Viren sind geradezu Überlebensmeister und entwickeln sich ständig weiter und erhöhen ihre Überlebenschancen wie z.B. das Grippe- bzw. Influenza-Virus, das bekanntlich in der Lage ist, laufend seine Antigenstruktur zu verändern und dadurch die Impfstoffe , die gegen die vorherigen Grippe-Viren wirksam gewesen sind, zu umgehen und so zu überleben .

Die Ursache aller dieser genannten Eigenschaften der Viren muß in der Nukleinsäure (Chromosomen) der Viren liegen , da sie praktisch nur aus Nukleinsäure bestehen.

Ein weiterer Beweis für den **Instinkt und das quasi Denkvermögen der DNA-Molekülen** ist die

Resistenzentwicklung der **Bakterien** z.B. gegen die Antibiotika in der Medizin , z.B. die **Resistenzentwicklung** der Tuberkel-Bakterien   gegen   die Tuberkulostatika . Wegen der näheren Einzelheiten dieser faszinierenden Phänomene wird verwiesen auf **mein Buch „ Geheimnisse der Evolution".**

Auch die Resistenzentwicklung   bei der Malaria-Bekämpfung gehört hierher und findet so ihre Erklärung.

So verhindert die Natur, daß eine Spezies   ganz verschwindet.
Nicht zu verwechseln ist diese erworbene Resistenz mit der natürlichen Resistenz einige Individuen gegen bestimmte Erreger.   D.h. daß bestimmte Individuen innerhalb einer Spezies eine natürliche Resistenz gegen bestimmte Erreger haben , d.h. beim Befall mit diesen Erregern nicht erkranken.

Erst vor nicht allzu lange Zeit hat z.B. die aufgetretene Seuche bei Robben uns gezeigt und bestätigt, daß z.B. eine Seuche nicht die ganze Art der Robben vernichten kann, sondern , daß fast immer einige Individuen überleben , so daß nicht die ganze Art vernichtet werden kann.

Zusammengefaßt ist das   Bestreben zum Überleben der einzelnen Arten das Ziel der Evolution   ,das Experimentieren und Ausprobieren das Mittel der Evolution, und der Instinkt bzw. das (quasi) Denkvermögen der DNA sowie ihr Informationsaustausch mit der Umwelt die eigentliche Ursache und der Mechanismus der Evolution.

Anders wäre es überhaupt nicht möglich gewesen, daß die Nukleinsäure-Moleküle bzw. Chromosomen überleben und sich weiter entwickeln.   Eine Evolution wäre sonst ausgeschlossen.

Mit der Entstehung der Menschen ist die Evolution keineswegs abgeschlossen, sondern die Evolution wird die Menschen immer weiter perfektionieren .   Wir dürfen keineswegs überheblich sein und glauben, wir wären die besten, die schönsten, die prächtigsten und die perfektesten Lebewesen,   die in der Natur jemals entstanden sind.   Die Evolution ist zu weit mehr in der Lage.   Es werden sicherlich weitere perfektere Lebewesen   entstehen, die Fähigkeiten haben werden, von denen wir nur träumen   können.   Negative   Entwicklungen werden genauso wieder ausgelöscht werden, wie es auch in der Vergangenheit geschehen ist, z.B. wie bei Dinosauriern.

Die obigen in diesem Kapitel dargestellten Vorgänge sind somit gleichzeitig weitere Beispiele für die im Kapitel 7 dieses Buches beschriebenen Phänomene.

Kapitel 10

Meine Theorie des Lichtes

und der anderen

elektromagnetischen Wellen

dadurch

Lösung des Problems

Welle-Teilchen-Dualismus

Dualismus des Lichtes und der anderen elektromagnetischen Wellen :

Das Licht hat **Welleneigenschaften** aber **gleichzeitig auch materielle Eigenschaften** : Es zeigt das Interferenzphänomen und Beugungserscheinungen (was für Wellen typisch ist) , aber gleichzeitig auch den photoelektrischen Effekt (was auf materielle Eigenschaften und auf Quantelung hinweist) . Es hat **also 2 Eigenschaften, die eigentlich miteinander nicht vereinbar sind.**

Das ist aber noch nicht alles . Es kommt ein **weiteres paradoxes Phänomen** hinzu, nämlich das **Geschwindigkeitsproblem der Photonen** . Das Licht verbreitert sich mit einer Geschwindigkeit von 300 000 km/s. Nach Einstein kann jedoch kein materielles Teilchen sich mit der Lichtgeschwindigkeit von 300 000 km/s bewegen. Photonen müßten sich aber trotzdem anscheinend mit Lichtgeschwindigkeit fortpflanzen, obwohl sie korpuskulär, also materiell sind . **Dies scheint aber absurd zu sein.**

Diesen Widerspruch versuchte man bisher so zu lösen, daß man annahm, daß die Photonen zeitlos wären, was ,jedoch m.E. ebenfalls absolut **absurd** erscheint.

Es handelt sich somit um eine Art Verlegenheitslösung , die meistens benutzt wird, wenn man ein Problem nicht lösen kann .

Man hat also bisher versucht die Sache salomonisch zu lösen , indem man bisher angenommen hat , daß es sich beim Licht um winzige Teilchen (Photonen) handelt, die sich in Form der elektromagnetischen Wellen mit der Lichtgeschwindigkeit vom 300 000 km/s ausbreiten .

Dies ist jedoch m.E. ebenfalls völlig absurd und ausgeschlossen .

Im übrigen besteht das Phänomen Dualismus auch bei den anderen elektromagnetische Wellen.

Das Problem Dualismus des Lichtes und der anderen elektromagnetischen Wellen schien bisher unlösbar, und die bisherige Theorie des Lichtes war somit eine Notlösung.

Meine Theorie des Lichtes und der elektromagnetischen Wellen:

Der Lichteffekt, d.h. die Entstehung der Lichterscheinung bzw. das Auftreten der Photonen und auch die Wärmewirkung des Lichtes entstehen **erst beim Auftreffen der Lichtwellen auf eine Fläche** . Die Lichtwellen sind selbst dunkel und werden erst zu Licht und somit sichtbar beim Auftreffen auf eine Fläche. **Auch die Quantelung** des Lichtes entsteht erst beim Auftreffen des Lichtes auf eine Fläche , und ist bei den Lichtwellen nur angedeutet als sogenannte Knoten und Bäuche der Wellen.

Genau so ist es auch mit den anderen elektromagnetischen Wellen : bei Rö.- und Gamma-Strahlen , entstehen die Wirkungen erst beim Auftreffen auf die tiefer liegenden Flächen bzw. Schichten .

Bei den Radiowellen (LW, ML , KW ,UKW , VHF, UHF) entstehen die Wirkungen beim Auftreffen auf eine metallische Fläche (z.B. Antenne) . Deswegen brauchen

wir für den Empfang der elektromagnetischen Wellen dieses Frequenzbereichs eine Antenne (Metall) und nicht etwa einen Holzstab.

Wenn z.B. ein Rundfunk- oder Fernsehsender eine Musiksendung emittiert , so werden bekanntlich nicht gleich auch die Geiger mit auf den Weg geschickt, **sondern die elektromagnetischen Wellen werden mit der Musikinformation moduliert .**

Diese Information wird dann in unseren Rundfunk- oder Fernsehgeräten wieder demoduliert , d.h. die **Information** Musik wird dadurch wieder in Musik umgewandelt und so hörbar gemacht . Die Wellen übertragen also auch hier nur die **Information** bzw. das **Signal** ,das beim Empfang wieder umgewandelt wird .

Das Licht und auch die anderen elektromagnetischen Wellen übertragen somit nur die Information und die Potenz , d.h. die Fähigkeit , und erst beim Auftreffen der Wellen auf eine Fläche entsteht der Effekt , d.h. z.B. das Licht (dabei wird die Geschwindigkeit von 300 000 km/s plötzlich auf 0 abgebremst) .

Z.B. die jeweilige Farbe des Lichtes ist als Information gespeichert und gegeben durch die jeweilige Frequenz der Lichtwellen (vergleichbar etwa mit der Frequenzmodulation der UKW-Wellen eines Senders , als Speicherungsmodus etwa bei der Musikinformation) .

Diese Theorie wird **bewiesen** u.a. durch folgende Beobachtungen und Phänomene, die gleichzeitig erst durch diese Theorie erklärbar werden :

1. **Die Sonne scheint bekanntlich ununterbrochen, d.h. Tag und Nacht** . Die Entstehung der Nacht auf der Erde hat bekanntlich ihre Ursache darin, daß die Erde sich dreht und bei Nacht wir uns auf der von der Sonne abgewandten Seite der Erde , d.h. auf der Schattenseite befinden.

    So weit, so gut. **Beim näheren Überlegen taucht aber die Frage auf, weshalb wir das Sonnenlicht nachts trotzdem oben am Himmel nicht sehen können, obwohl die Sonne auch nachts weiter scheint und die Sonnenstrahlen in größeren Höhen auch nachts an der Erde vorbei ziehen und sich im Weltraum weiter fortsetzen und ausbreiten** (s. Abb. 1) :

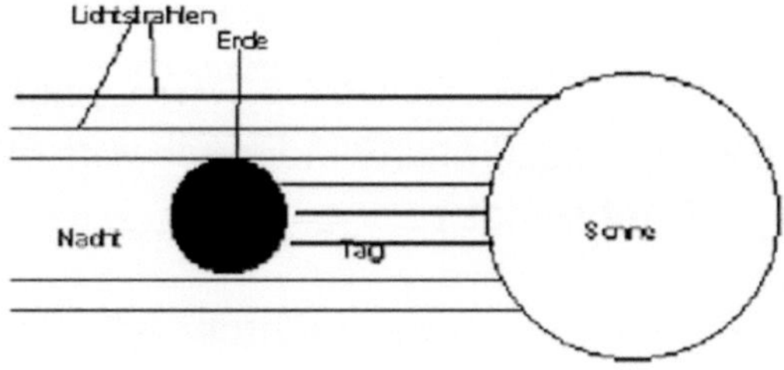

Abb. 1 (schematisiert)

64

Wir befinden uns nachts zwar auf der Schattenseite des Sonnenlichtes , das Sonnenlicht geht jedoch an der Erde vorbei , da die relativ kleine Erde nicht die ganze Sonne abdunkeln kann .

Dieses Phänomen kann man zwar so erklären, daß das Licht sich geradlinig ausbreitet und erst gesehen wird, wenn der Lichtstrahl ins Auge geht. Das ist aber eine Notlösung und ein halbherziger Erklärungsversuch.

Wenn eine Lichterscheinung bzw. eine leuchtende Sache an einem vorbeigeht, muß sie trotzdem als Lichterscheinung wahrgenommen werden können . **Das ist aber beim Licht nicht der Fall.**

Wir können nachts das Sonnenlicht nur indirekt und sehr schwach sehen , z.B. wenn das Sonnenlicht auf den Mond oder auf die Planeten trifft , die dann leuchten bzw. das Licht reflektieren und somit sichtbar werden lassen, d.h. wir können nachts das Sonnenlicht nur sehen, wenn es auf eine Fläche auftrifft.

Die Konsequenz dieser Bobachtung ist : Die Lichtwellen sind selber dunkel bzw. schwarz und somit nicht sichtbar. Deswegen können wir das an uns vorbei gehende Licht der Sonne nachts am Himmel nicht sehen . Erst beim Auftreffen der Lichtwellen auf einer Fläche bzw. auf unsere Augen entsteht das eigentliche Licht bzw. erst dann entstehen die Photonen . Die bedeutet, daß das eigentliche Licht erst sichtbar wird, beim Auftreffen auf einer Fläche .

Also nicht die Lichtteilchen bzw. die Photonen
werden zusammen mit den Lichtwellen mit der
Lichtgeschwindigkeit von 300 000 km/ s übertragen,
eine Sache , die physikalisch ausgeschlossen ist und
trotzdem bisher als eine Art Notlösung angenommen
wurde, sondern **nur die Information und die
Potenz.** Erst beim Auftreffen der Lichtwellen auf eine
Fläche entsteht der eigentliche Effekt, d.h. das
eigentliche Licht bzw. das , was wir ,als Licht
bezeichnen .

2. **Wir wissen aufgrund der Raumfahrt, daß der
   Raum zwischen der strahlenden Sonne und der
   Erde ganz dunkel und tief schwarz ist** , obwohl
   dieser Raum ständig von den Lichtstrahlen der
   Sonne überquert und überflutet wird . Nur dort, wo
   diese Strahlen auf eine Fläche auftreffen , ist hell .

   Wenn mit den Lichtstrahlen Photonen übertragen
   würden, so wäre dieses Phänomen nicht erklärbar
   und der ganze Raum zwischen der Sonne und der
   Erde müßte hell sein und nicht nur da , wo ein
   Gegenstand sich befindet .

   **Also auch die Konsequenz dieser Bobachtung
   ist, daß die Lichtwellen bzw. die Lichtstrahlen
   selber dunkel bzw. schwarz und somit nicht
   sichtbar sind.** Wenn Photonen transportiert würden,
   so müßten sie unterwegs leuchten und zumindest
   Leuchtspuren hinterlassen .

   **Dies bedeutet also auch daß das eigentliche Licht
   erst beim Auftreffen auf eine Fläche sichtbar wird.**

3. **Das Universum ist ganz dunkel und tief schwarz ,** obwohl das ganze Universum mit Lichtstrahlen der Milliarden Sternen und Galaxien praktisch gefüllt ist , die das ganze Universum kreuz und quer durchlaufen, und zwar seit Milliarden Jahren.

Wenn fertige Photonen transportiert würden, so müßten diese Photonen im Universum leuchten bzw. Leuchtspuren hinterlassen.

Im übrigen viele Astronomen haben sich über dieses Phänomen gewundert und meinten, daß das Universum an sich hell sein müßte.

Durch meine Theorie wird auch diese Beobachtung erklärbar und verständlich, da die Lichtwellen selbst dunkel sind.

4. Wir wissen alle, daß beim Ansehen der Sonne , **die für uns sichtbaren Sonnenstrahlen sich nicht nur in unserer Richtung ausbreiten, sondern nach allen Richtungen, also auch seitlich .** Dies ist mit unserer bisherigen Physik nicht vereinbar ,da wir gemäß unserer herkömmlichen bisherigen Vorstellung des Lichtphänomens nur Strahlen sehen könnten, die in unsere Augen gehen . Die Lichtstrahlen der Sonne , die sich seitlich ausbreiten , gehen aber nicht in unsere Augen und müßten deswegen eigentlich für uns gar nicht sichtbar sein .

Sie werden vielleicht einwenden und sagen , die seitlich gehende Strahlen werden in der unmittelbaren Umgebung der Sonne an den dort vorhandenen Teilchen gestreut , ähnlich wie das Sonnenlicht in unserer Atmosphäre gestreut wird, und deswegen werden sie sichtbar . Dieses Argument kann aber sofort widerlegt werden, da bei einer Streuung das Licht nach allen Seiten diffus gestreut wird (wie schon das Wort Streuung zum Ausdruck bringt) und deswegen könnte es zwar als diffuses Licht sichtbar werden, aber keineswegs **als geordnete Strahlen** , die zudem, wie wir vom Ansehen der Sonne kennen, alle von dem Zentrum in Richtung Peripherie verlaufen .

Durch meine Theorie wird auch dieses Phänomen erklärbar, da der Lichteffekt der Sonnenstrahlen erst durch den Aufprall der dunklen Lichtwellen auf die vielen Teilchen in der Umgebung der Sonne entlang der Ausbreitungsrichtung der Wellen entsteht und wird somit sichtbar als einzelne Strahlen bzw. Linien, die sich nach allen Seiten ausbreiten .

5. **Die Elektromagnetischen Wellen können Milliarden von Jahren ohne größeren Energieverlust existieren und sich immer weiter ausbreiten** (z.B. so erreichen uns die Lichtwellen der Sterne, die Milliarden Lichtjahre von uns entfernt sind). Deswegen muß es sich um äußerst stabile Wellen handeln , ohne größeren Energieverlust.

Machen wir uns nichts vor. Es wäre völlig absurd und völlig unvorstellbar, daß Photonen Milliarden Jahre unterwegs sein und somit Milliarden Jahre im Universum immer weiter leuchten könnten , ohne verbraucht zu werden , und beim Eintreffen bei uns auf der Erde immer noch in der Lage zu leuchten .

Somit ist die bisherige Vorstellung des Lichtphänomens völlig unlogisch und bei näherer Überlegung nicht haltbar.

Wir wissen, daß durch das Licht (genauer gesagt durch die infraroten Strahlen) auch Wärme übertragen wird .

Sie haben sich sicherlich schon mal darüber Gedanken gemacht, weshalb die Sonnenstrahlen, die hier auf der Erde ankommen, warm sind , während das Universum und speziell der Raum z.B. zwischen der Sonne und Erde so kalt ist . Dort herrschen nämlich Temperaturen nahe dem absoluten Nullpunkt **(-273 Grad C) , obwohl die Sonnenstrahlen dort seit ca. 4,6 Milliarden Jahren ständig unterwegs sind.**

Weshalb geht die Wärme des Sonnenlichtes unterwegs nicht verloren?

Das einfache Beispiel des Warmwasserrohres mag helfen , sich dieses Phänomen besser klar zu machen. Wenn z.B. Warmwasser in einem Rohr fließt, so wird bekanntlich das Rohr schon nach kurzer Zeit warm .

Weshalb ist aber der Raum zwischen der Sonne und der Erde so kalt und ist sogar nach ca. 4,6 Milliarden Jahren Bestrahlung durch die Sonne immer noch nicht warm?

Dieselben Strahlen , die anscheinend nicht in der Lage sind , ihre Bahnen zu erwärmen, sind sehr wohl in der Lage z.B. die Erde aufzuwärmen und sogar die Temperatur der Mondoberfläche um 250 Grad C. zu ändern , nämlich von −130 Grad (nachts) bis auf +120 Grad am Tag .

Sie können hier natürlich einwenden und sagen, daß der Übertragungsmechanismus der Wärme bei dem Beispiel Rohr anders ist, nämlich durch **Konvektion** , während die Wärmewirkung der Strahlen erst durch eine **Absorption** durch Materie zustande kommt ,und da im Weltraum keine Materie vorhanden ist , kann deswegen dort die Wärmewirkung der Strahlen nicht zustande kommen .

Mit dieser Behauptung sind Sie jedoch bereits mir bei der Anerkennung meiner Theorie einen Schritt entgegen gekommen , weil Sie gleichzeitig damit anerkannt haben, daß zum Zustandekommen der Wärmewirkung der Lichtstrahlen die Materie bzw. eine Wechselwirkung mit der Materie erforderlich ist . Jetzt müßten Sie aber erklären, weshalb das nur bei dem infraroten Anteil des Lichtes erforderlich ist, aber beim unmittelbar daran angrenzenden sichtbaren Licht nicht erforderlich sein soll.

Auch dieses Problem wird durch meine Theorie gelöst, da nicht das Licht selber und auch nicht die Wärme selber übertragen werden und sich so lange im Weltraum halten müssen , sondern nur die Information und die Potenz .

Deswegen geht auch weder die Wärme , noch das Licht unterwegs verloren .

Die Problematik bei der **Wärmeübertragung , nämlich die Tatsache, daß der Wärme-Effekt des Lichtes erst an Ort und Stelle beim Aufprall auf Materie durch Absorption und Wechselwirkungen mit der Materie entstehen muß, da sonst die Wärme unterwegs verloren gehen würde , hat man frühzeitig erkannt (** obwohl auch die Wärmeenergie gequantelt ist) , während man bei der Lösung des Problems der Lichtübertragung andere Wege gegangen , an der klassischen Photonenentstehung durch Quantensprünge hängen geblieben ist , in einer **Sackgasse** gelandet ist, und deswegen annehmen mußte , daß Photonen , obwohl sie materiell sind , sich trotzdem mit der Lichtgeschwindigkeit bewegen würden , was völlig absurd ist . Zugegeben , die Verhältnisse und Wechselwirkungen sind beim Licht komplizierter als bei der Wärme .

6. **Die elektromagnetische Wellen werden bekanntlich um so energiereicher, je kleiner die Wellenlänge wird,** deswegen nimmt bei kleiner werdenden Wellenlänge u.a. auch die Fähigkeit der

Wellen zu, tiefer in die Materie einzudringen bzw. durch die Materie hindurch zu gehen .

Schon die Radiowellen können teilweise durch die normale Materie durchgehen . **Deswegen müßten bei konsequenter Anwendung dieser Tatsache, erst recht die Lichtwellen , die eine erheblich kleinere Wellenlänge und somit eine erheblich größere Energie haben als die Radiowellen, durch die Materie hindurch gehen können . Wir wissen jedoch, daß genau das Gegenteil der Fall ist .** Wenn wir uns z.B. vor einen Gegenstand stellen , so wird der Gegenstand bekanntlich für jemanden, der hinter uns steht, unsichtbar.

Auch dieses , sonst nicht erklärbare Phänomen wird durch meine Theorie erklärbar:

Wie oben bereits erklärt, entfalten die Lichtwellen ihre Wirkung beim Auftreffen auf eine Fläche , dies bedeutet gleichzeitig, daß die Energie der Lichtwellen schon beim Auftreffen auf die Oberfläche verbraucht wird , so daß keine Energie mehr vorhanden ist, die tiefer eindringen könnte . Diese Tatsache ist gleichzeitig auch ein weiterer Beweis für diese Theorie.

7.   **Durch diese Theorie wird auch erklärbar, weshalb die UV-Strahlen Haut-Carcinome (maligne Melanome) erzeugen können , völlig im Gegensatz zu dem sichtbaren Licht.**

Der Grund liegt darin , daß die UV-Strahlen eine noch kleinere Wellenlänge haben , als die Lichtwellen des sichtbaren Lichtbereichs, und somit energiereicher sind , und deswegen teilweise auch *etwas* tiefer in die Haut eindringen können. Sie erzeugen aber niemals Carcinome der inneren Organe, da sie ihre volle Wirkung, genau so wie beim sichtbaren Licht , an der Oberfläche entfalten und somit ihre Energie an der Oberfläche völlig verbraucht wird.

Das ist ebenfalls gleichzeitig auch ein weiterer Beweis für diese Theorie .

8. Diese Theorie kann man sich auch klar machen, durch das **Verhalten der Mikrowellen .** Z.B. bei einem Mikrowellenherd sind die Mikrowellen selbst kalt, so daß z.B. die Wände des Ofens nicht heiß werden. Nur das Kochobjekt wird erhitzt (weil durch die Mikrowellen die Wassermoleküle in starken Schwingungen versetzt werden , die Hitze erzeugen).

Auch hier wird also nicht die eigentliche Wärme übertragen, sondern nur die Potenz . Der **Effekt** entsteht im Objekt selber.

Die näheren Einzelheiten dieses Beispiels sind zwar anders, dieses Beispiel wurde aber trotzdem gewählt, da es sehr lebensnah ist und deswegen gut hilft , sich die Sache besser vorstellen zu können .

9. **Im übrigen scheint die Natur gerne mit Speicherungen der Informationen und Potenz zu arbeiten** , so daß solche Phänomene in der Natur sehr verbreitert sind und keineswegs Ausnahmeerscheinungen darstellen . Z.B. die ganze Vererbung funktioniert auf diese Art und Weise durch **Gene**, die die gesamten Baupläne und Eigenschaften enthalten und in die Tat umsetzen können, d.h. sie enthalten die **Informationen und die Potenz** .

Im übrigen sind elektrische und magnetische Felder sozusagen ein Gespann, sie beeinflussen sich , bedingen sich , und erzeugen sich gegenseitig. Durch das Zusammenspiel dieser beiden Felder entsteht eine Art **Resonanzzustand** . U.a. deswegen sind die Elektromagnetischen Wellen so stabil und können sich so über Milliarden Jahre hinweg halten und immer weiter schwingen , ganz im Gegensatz z.B. zu einigen anderen Wellen, wie z.B. Schallwellen oder Wasserwellen , die instabil sind und sich nur sehr kurze Zeit halten können, da sie nur Bewegungen der Atome oder Moleküle sind und keine elektrischen oder magnetischen Felder besitzen (vergl. auch Kapitel 13).

Das Licht- und die anderen Elektromagnetische Wellen sind Boten und Kommunikationsmittel des Universums. Sie laufen kreuz und quer durch das Universum, können es teilweise sogar überqueren , verbinden das ganze Universum und übertragen Informationen (wegen der näheren Einzelheiten s .**mein Buch „Große Geheimnisse des Universums Bd. I „).**

Durch meine Theorie wird das Problem Welle-Teilchen-Dualismus bzw. Dualismus des Lichtes und der anderen elektromagnetischen Wellen bestens gelöst. Ferner wird durch diese Theorie verständlich, weshalb das Licht und die Wärme über so lange Strecken und Jahre übertragen werden können, ohne unterwegs einen wesentlichen Verlust zu erleiden .

Wie wir im Kapitel 19 dieses Buches näher sehen werden, erzeugt die Natur nur dort eine Quantelung, wo es auch erforderlich und sinnvoll ist, aber keineswegs dort, wo keinerlei Vorteile bestehen und wo es völlig sinnlos und außerdem hinderlich erscheint.

Im Rahmen dieses Kapitels konnten natürlich die Sachen nur relativ kurz dargestellt werden. Wegen einer ausführlicheren Darstellung der Einzelheiten dieser faszinierenden Phänomene wird deswegen verwiesen, auf **meine Bücher „Große Geheimnisse des Universums Bd. I " , „Revolution der Astronomie und Physik" und „Das Geheimnis der Entstehung des Universums, meine DPNS-Theorie"** , ferner auf meine diesbezüglichen wissenschaftlichen Arbeiten.

Kapitel 11

Zwei Geschlechter

Die Frage der Notwendigkeit der Geschlechter stellte es sich hier auf unserer Erde erst nach ca. 4,1 Milliarden Jahren nach der Entstehung der Erde, nämlich erst vor **ca. 0,5 Milliarden Jahren d.h. erst vor ca. 500 Millionen Jahren**, als im Laufe der Evolution die **mehrzelligen** Lebewesen auf der Erde entstanden .

Denn die Einzelligen brauchen keine 2 Geschlechter, weil sie sich immer weiter durch Zellteilung vermehren können, und so für die Entstehung des Nachkommens sorgen.

Das Problem entstand deswegen erst bei den Mehrzelligen , da sie sich durch einfache Teilung nicht mehr vermehren konnten. Deswegen wurden 2 Geschlechter dringend erforderlich.

Bei einigen primitiven vielzelligen Lebewesen , nämlich bei den **Hohltieren (Coelenterata) ,** wurde das Vermehrungsproblem durch **Knospung** gelöst.

Bei höheren Lebewesen kam dies aber nicht infrage, insbesondere deswegen nicht ,weil dabei die äußerst wichtige Mischung der Chromosomen eines Paares nicht stattfinden kann. Dies wäre aber unerläßlich für die Variabilität und somit für bessere Überlebenschancen der Nachkommen.

Bei der Lösung des Problems durch 2 Geschlechter musste aber ein sehr hoher Preis bezahlt werden , da gleichzeitig damit ein **weiteres wichtiges Problem** entstand ,das vorher nicht existierte ,nämlich das Problem **Sterblichkeit** .

Die Einzelligen teilen sich laufend , sodaß sie praktisch **unsterblich** sind und bei denen es keine Leichen gibt (es sei den, daß sie abgetötet werden).

Dieses Problem **Sterblichkeit** bei den Mehrzelligen konnte aber die Evolution bis zum heutigen Tage nicht lösen.
Das Problem wird aber die Menschheit in absehbarer Zukunft selbst lösen , wenn die Genetik größere Fortschritte macht, womit aber wieder weitere Nachteile entstehen werden, wie das **Ansteigen der Zahl der Erkrankungen** und eine **Überbevölkerung** der Welt.

So ist es nicht nur bei Menschen so, daß öfters Fortschritte nicht immer nur mit Vorteilen verbunden sind, sondern auch Nachteile mit sich bringen können, sondern so ist es auch bei der Evolution .

Andererseits hat aber die Entstehung von 2 Geschlechtern auch die ganze Welt schöner und bunter gemacht, denn es wäre völlig trostlos , wenn in der Welt nur ein Geschlecht existierten würde.

Kapitel 12

Plus und Minus

Plus und minus gehören zu den wesentlichen Phänomenen des Universums :

Anhand von 3 Beispielen möchte ich versuchen dies anschaulich zu machen:

1. Atome : Die Elektronen tragen bekanntlich eine **negative** Ladung also eine **Minus**-Ladung und die Atomkerne haben eine **positive** Ladung also eine **Plus**-Ladung . Das ist aber gleichzeitig von fundamentaler Bedeutung für die Existenz der Atome.

   Das Plus und das Minus garantieren also bei Atomen den **Fortbestand und die äußerst große Stabilität über Milliarden von Jahren**. Ich darf an dieser Stelle daran erinnern, daß alle Atome, die hier auf unserer Erde vorhanden sind und aus denen auch unsere gesamten Körper gebaut worden sind Milliarden Jahre alt sind und vor Milliarden Jahren im Inneren der

Sterne bei enorm hohen Temperaturen sozusagen gebacken worden sind.

2. **Magnetismus**: Es gibt bekanntlich beim Magnetismus einen Plus-Pol und einen Minus-Pol. Gleichnamigen Pole stoßen sich bekanntlich ab und jeweils ein Plus- und Minus-Pol ziehen sich gegenseitig an.

Auch das ist von fundamentaler Bedeutung für Magnetismus.

Ich möchte an dieser Stelle daran erinnern, daß Magnetismus ebenfalls zu den fundamentalen Phänomenen des Universums gehört und z.B. ein fundamentaler Bestandteil der elektromagnetischen Wellen ist, die uns die gesamten Informationen ,die wir von ganzen Universum haben, zu uns bringen.

3. **Elektrizität**:: Plus und Minus begegnen uns auch von der Elektrizität und die negativ geladenen Elektronen, die sich in den Leitungen bewegen sind bekanntlich das Fundament der elektrischen Ströme.

4. Bei **chemischen Verbindungen** spielen bekanntlich minus und plus eine fundamentale Rolle und sind die prägenden Eigenschaften der **Anionen** und **Kationen**.
Ohne Plus und Minus gäbe es auch keine **Jonisationen**.

Nur Vollständigkeitshalber möchte ich darauf hinweisen, daß die **Gravitation** bekanntlich keinen Plus- oder Minus-Pol kennt . Es gib keine Plus- oder Minus-Gravitation.
Einer der Gründe dafür liegt darin, daß die gegenseitigen Wechselwirkungen der Ladungen nur bei relativ kurzen Entfernungen wirksam sind sie und bei größeren Entfernungen ihre Wirkung verlieren.

Gerade die Gravitation ist aber auch bei enorm großen Entfernungen wirksam und deswegen kommt die Wirkung anders zustande.

Kapitel 13

Elektrizität und Magnetismus

ein Gespann

Es gibt ganz feste Wechselbeziehungen zwischen Elektrizität und Magnetismus , und ferner zwischen Elektrizität , Magnetismus und Bewegung.

Wenn ein **elektrischer Strom** durch einen Leiter fließt, **entsteht ein Magnetfeld**. Dieses Magnetfeld ist jedoch bei einem einfachen und geraden Leiter **ringförmig** , ist also <u>kein</u> Dipol .

Ein **Dipol-Magnetfeld** entsteht z.B. wenn der Strom durch eine **Spule** fließt, also dadurch **rotiert**.

Es gibt ferner **feste Beziehungen zwischen Elektrizität, , Magnetismus und Bewegung** , derart, daß jeweils 2 dieser Faktoren den 3. Faktor erzeugen können . Dies bedeutet , daß z.B. wenn ein elektrischer Strom fließt und ein Magnetfeld vorhanden ist, Bewegung erzeugt wird (wird benutzt bei **Elektromotoren**) , oder wenn ein Magnetfeld und eine Bewegung vorliegen elektrischer Strom erzeugt wird (**Stromgeneratoren**) , oder schließlich wenn ein elektrischer Strom und eine Bewegung (z.B. Rotation des Stroms durch eine Spule) **vorliegen** ein **Magnetfeld** der Form eines Dipols erzeugt wird

Es gibt bekanntlich ferner feste Wechselbeziehungen zwischen den Richtungen des **elektrischen Stromes**, der **Richtung des Magnetfeldes** und der **Bewegungsrichtung** . Durch die 3-Finger Regel der rechten Hand kann dies sehr einfach ermittelt werden , sodaß dadurch sehr einfache Voraussagen über die Richtungen möglich sind.

Wo elektrische und magnetische Felder vorhanden sind, entstehen leicht auch **elektromagnetische Felder bzw. Wellen** , die im Universum eine beachtliche Rolle spielen (Ausführlicheres über die elektromagnetischen Wellen und ihre Rolle in Universum s. **mein Buch" Grosse Geheimnisse des Universums, Bd. I „**).

Elektrizität und Magnetismus sind also ein Gespann und fast untrennbar , rufen sich gegenseitig hervor und treten somit meistens gemeinsam auf, mit erheblichen Wechselwirkungen.

Es muß darauf hingewiesen werden, daß **diese Wechselwirkungen in der Natur sehr verbreitert sind,** d.h. daß die Natur davon sehr häufig Gebrauch macht.

So wissen wir, daß die meisten Sterne, genauso wir unsere Sonne , über elektrische und magnetische Felder verfügen . In einigen Gebieten des Universums können solche Felder gigantische Werte annehmen und über enorme Energiemengen verfügen.

Wir verdanken im übrigen unser Leben auch dem Magnetfeld der Erde, das dafür sorgt, daß die kosmische Strahlung des Weltraums abgelenkt bzw. abgeschirmt wird und nicht bis auf die Erdoberfläche vordringen kann. Sonst wäre Leben auf der Erde nicht möglich (vergl. **mein Buch Geheimnisse der Evolution").**

Auf die Entstehung der Magnetfelder der Himmelskörper kann hier leider nicht näher eingegangen werden. Deswegen wird verwiesen auf **meine wissenschaftliche Arbeit über meine Theorie der Entstehung der Magnetfelder der Himmelskörper** .

Kapitel 14

Bestreben der Materie

zum Überleben

Zunächst muß ich hier darauf hinweisen, daß nach einigen Theorien von mir **auch die Materie lebt**, jedoch anders als z.B. bei den Menschen und Tieren . Auf diese äußerst interessanten Fragen kann ich aber leider aus Platzgründen hier nicht näher eingehen. Deswegen wird wegen einer ausführlichen Darstellung dieser Problematik verwiesen auf **mein Buch „ Leben, Krankheit , Altern, Tod"** die auch diese Themen ausführlich behandelt , und die diesbezüglichen und andere interessante Theorien von mir beinhaltet, und ferner **auf meine diesbezüglichen wissenschaftlichen Arbeiten**

Es besteht bei der Materie genau so wie bei den Menschen und Tieren das Bestreben zum Überleben . Sogar jedes Atom hat das Bestreben zu überleben (s. auch mein Buch „ Geheimnisse der Evolution"). Deswegen bestehen auch viele Naturphänomene aus 2 paradoxen und

entgegengesetzten Einzel-Phänomenen (s. z.B. weiter unten unter Nr. 4 und 5)

Überhaupt scheint es in der gesamten Natur so zu sein, daß alles überleben möchte . Wäre es nicht so, so wäre die Natur erheblich anfälliger gegen alle möglichen Störungen, wovon sehr viele gibt.

Folgende Beispiele machen dies deutlich :

1. **Wenn wir versuchen z.B. einen Stein mit Hilfe eines Hammers zu zertrümmern,** so werden wir sehen, daß dies gar nicht so einfach ist, nicht etwa wegen des Kraftaufwandes, sondern vor allem deswegen, weil bei jedem Hammerschlag der Stein wegfliegt . Warum ? Weil der Stein alles versuch, um zu überleben .

2. **Wenn sie versuchen mit dem Schraubenzieher eine Schraube anzuziehen,** so wird der Schraubenzieher mehrmals abrutschen und muß immer wieder angesetzt werden. Auch hier werden Sie sich wahrscheinlich fragen, wie ist das möglich, ist das Zufall? , denn die Materie scheint ja tot zu sein.

3. **Wenn wir versuchen einen Ast zu brechen** , so werden wir feststellen, daß es erheblich einfacher ist den Ast zu brechen, wenn wir den Ast plötzlich und schnell brechen , als langsam , d.h. daß wir beim langsamen Brechen den Ast erheblich mehr biegen

und erheblich mehr Kraft aufwenden müssen, bis der Ast bricht.

Warum ? Weil beim langsamen Brechen die Materie ausreichend Zeit hat sich darauf einzustellen und durch entsprechende Verstellung der einzelnen Moleküle Widerstand zu leisten, und beim plötzlichen Brechen sie sozusagen überrascht wird. **Auch dies bestätigt das Bestreben der Materie zu überleben .**

4. **Das 3. Newtonsche Axiom (Reaktionsprinziep):** Kräfte treten immer paarweise auf, **d.h. wenn wir z.B. auf eine Fläche einen Druck ausüben**, so entsteht dadurch gleichzeitig auch ein **Gegendruck**, der dem ausgeübten Druck entgegen wirkt , d.h. genau entgegen gerichtet und gleich stark ist .

   Das ist z.B. der Grund, weshalb **beim Schießen** im Augenblick des Schusses die Waffe zurück gedrückt wird.

   Dies zeigt, daß die Materie sich gegen jegliche Kraft- bzw. Gewalteinwirkung wehrt und bestätigt somit das Bestreben der Materie zu überleben .

5. ***Die Lentzsche Rgel*** : Der von einem Strom hervorgerufene Induktionsspannung   ist so gerichtet, daß sie diesem Strom entgegen wirkt.

   In unserem täglichen Leben haben wir alle schon erfahren, daß z.B. eine Birne oder   ein elektrischer Motor häufig erst im Augenblick des Einschaltens kaputt geht .Was ist der Grund? Der Grund liegt darin, daß nach der Lenzschen Regel beim Einschalten des Stroms sofort zunächst ein starker Strom in Gegenrichtung fließt und den Faden in der Glühbirne oder die feinen Drähte der Spule des Motors zerstört.

6. **Spalten der Atome:** Auch und sogar jedes Atom widersetzt sich vehement , wenn man versucht es zu spalten. Deswegen gelang die Spaltung des Atoms (erstmalig durch Otto Hahn) durch Tricks und mit sehr aufwendigen Mitteln.

7. Es ist ebenfalls häufig   überhaupt nicht   einfach **Moleküle in ihre   atomaren   Bestandteile zu zerlegen.** Auch dazu   sind öfters Tricks erforderlich.

Das Bestreben eines Lebewesens zu überleben wird als selbstverständlich erachtet . Z.B. wenn Sie versuchen ein Tier zu fangen oder ein Tier umzubringen, wird es sich massiv wehren , **weil es überleben möchte.**
Aber bei „toter Materie" hatte man bisher sich keine großen Gedanken darüber gemacht .

Die obigen Beispiele zeigen jedoch , daß auch die „ tote Materie" sich gegen jegliche Kraft- oder Gewalteinwirkung wehrt und somit das Bestreben hat zu überleben .

Kapitel 15

Natur

und

Der Weg des kleinsten Widerstandes

Die Natur bevorzugt fast immer den Weg des kleinsten Widerstandes .

Anhand von 2 Beispielen möchte ich dies anschaulich machen:

1. **Wasser** : Wenn ein Fluß sich teilt in einen kleineren und einen größeren Fluß, so wird das Wasser größtenteils in den größeren Fluß fließen und nur ein kleiner Teil des Wassers wird in den kleineren neuen Fluß fließen . Das klingt zwar logisch aber was ist der Grund?
Der Grund ist, daß der Widerstand in dem kleineren Fluß größer ist, d.h. wenn viel Wasser in dem

kleineren Fluß fließen würde, so müßte das Wasser gegen einen größeren Widerstand kämpfen, da dort es enger und somit wenig Platz vorhanden ist . Deswegen wird mehr Wasser in den größeren Fluß fließen, da dort mehr Platz zur Verfügung steht und der Widerstand somit kleiner ist .
Das Wasser sucht somit den Weg des kleineren Widerstandes .

2. **Elektrischer Strom   :**   Genau so verhält sich der elektrische Strom . Wenn ein Strom führender Leiter sich teilt in einer Leitung mit einem **kleineren** und einer mit einem **größeren Widerstand** , so fließt **mehr Strom in dem Leiter mit dem kleinern Widerstand**, als in dem Leiter mit dem größeren Widerstand, **da auch der elektrisch Strom den Weg des kleineren Widerstandes bevorzugt .**

Kapitel 16

Tendenz zur Vereinigung und zur Gruppenbildung in der Natur

In der Natur besteht die Tendenz zur Vereinigung und Gruppenbildung .

Der Grund liegt darin, daß z.B. einzelne Atome und Moleküle jede für sich im riesigen Universum sozusagen verloren wären und außerdem die vielfachen Wechselwirkungen, die zwischen den Atomen bestehen wie z.B. die chemischen Verbindungen , Vereinigung der Moleküle zwecks Bildung größerer Moleküle oder Kristallbildungen nur möglich wären, wenn die Atome und Moleküle näher zueinander rücken würden .

Der Sinn ist die Verbesserung der Überlebenschancen , **also das Bestreben zum Überleben** ,genau so wie bei der Evolution .

Folgende Beispiele machen dies deutlich :

1.   **Wasser** : **Bindung durch die sogenannten vander -Waals-Kräfte** :   Dies ist z.B. der Fall beim Wasser. Es handelt sich um eine elektrostatische Anziehung zwischen einzelnen Dipolen . Das Wassermolekül mit der chemischen Formel H_2O besteht aus 2 Wasserstoffatomen mit jeweils einer positiven Ladung und einem Sauerstoffatomen mit jeweils 2 negativen Ladungen , die zwar in den einzelnen Wassermolekülen gegeneinander kompensiert sind, die einzelnen Wassermoleküle können jedoch gegenüber den anderen Wassermolekülen als Dipol auftreten .

Wir wissen alle z.B was passiert , wenn wir etwas Wasser auf den Boden gießen. Die Wassermoleküle fallen nicht etwa auseinander, sonder bilden einzelne Tropfen und kleinere und größere Wasserflächen
Sie bleiben also in Gruppen zusammen .

Auch hierbei handelt es sich um eine **deutliche Verbesserung der Überlebensschancen** , da z.B. das Wasser als einzelne Seen oder Ozeane, also als Gemeinschaft erheblich besser überleben kann als in Form von Einzelmolekülen .

2.   **Neigung zur Klumpen- und Gruppenbildung** :
Alle Atome und Moleküle haben das Bestreben sich zu verklumpen   bzw. zu Gruppen zusammenzuschießen .

Wir kennen z.B die **Kohäsionskräfte** ,die auf Wechselwirkungen zwischen den einzelnen Molekülen eines Materials beruhen und dafür sorgen, daß die einzelnen Moleküle zusammen bleiben und sich nicht einzeln verteilen .

Das bedeutet ebenfalls eine **Erhöhung der Überlebenschancen** der Moleküle, da sie einzeln in der großen Welt schnell verloren wären .
Dies ist vergleichbar mit der Gruppenbildung bei den Tieren..

3.   **Verklumpen der Atome bei der Entstehung der Sterne :**

Der Sinn des Verklumpens der Atome bei der Entstehung der Sterne ist durch den Zusammenschluß und Erreichen einer bestimmten Größe thermonukleare Reaktionen einzuleiten , so erhebliche Mengen Energie zu gewinnen und somit besser **zu überleben** . Die einzelnen Atome wären einzeln sozusagen heimatlos , wären im riesengroßen Universums verloren ,und außerdem nicht in der Lage diese Energiequelle anzuzapfen .
Außerdem entsteht durch den Zusammenschluß der vielen einzelnen Atome, de für sich alleine nur über eine äußerst winzige Gravitationskraft verfügen würden, eine große Gravitation , die es ermöglicht besser überleben zu können, anstatt von anderen Objekten angezogen zu werden und somit verloren zu gehen .

4. **Verklumpen der Atome zu Planeten:**
Durch das Verklumpen entsteht auch hier eine Art Zusammenhalt , wie bei der Gesellschaftsbildung der Menschen, und **erhöht die Überlebenschancen** . Einzelne Atome im Universum wären sozusagen schnell verloren .

5. **Galaxiebildung :**

Auch bei der Galaxiebildung handelt es sich um ein Bestreben nach Überleben , da dadurch zahlreiche Sterne zusammen gehalten werden , eine riesengroße Kraft (Gravitationskraft) darstellen und somit **besser überleben** können .

Auch hier ist das Verklumpen der Atome und Moleküle bzw. der Materie vergleichbar mit der **Gruppenbildung bei den Tieren** . Die einzelnen Tiere genießen in der Gruppe einen größeren Schutz gegenüber den äußeren Gefahren und ihre Überlebenschance wird so erheblich erhöht .

6. **Metallische Bindung :** In einem Stück Metall sind die einzelnen Atome gegeneinander so nah gerückt, und es ist dadurch zwischen denen so eng geworden , daß einzelne Elektronen aus den einzelnen Atomen heraustreten müssen und so durch das Metall durchwandern können . Dadurch entstehen einerseits positiv geladenen Atomrümpfe, weil sie

einzelne Elektronen verloren haben, und andererseits eine gleichmäßig verteilte negative Ladungen der Elektronen . **Diese negative Ladungen halten die positiven Ionen (Atomrümpfe) fest zusammen** . So bilden die einzelnen Atome der Metalle sogenannte Metallische Bindungen .
Aus diesem Grund sind die Metalle so fest .

Auch der tiefere Sinn dieser Metallbindungen ist eine klare **Verbesserung der Überlebenschance**, weil die winzigen Metallatome als Einzelatome keine sehr große Überlebenschance hätten , während sie im Verbund als ein Metallstück erheblich besser überleben können.
Wie bereits erwähnt, ist das ebenfalls vergleichbar mit einer Gruppenbildung bei den Tieren, wo sie einzelnen Tiere einen besseren Schutz finden und somit erheblich besser überleben können .

7.   **Gruppenbildung bei Tieren** :   Viele Tiere schließen sich zu Gruppen zusammen und leben in Gruppen . **Der Sinn ist auch hier eine erhebliche Erhöhung der Überlebenschancen ,** da z.B. dadurch die Gefahr erheblich kleiner wird von den anderen Tieren gefressen zu werden .

8. **Menschliche Gesellschaft** :   Diese Tendenz zu Gruppenbildung ist auch bei den Menschen ausgeprägt und findet ihre Vollendung in der Bildung einer Gesellschaft .
Auch hierdurch werden die Überlebenschancen verbessert und außerdem findet hier eine

Aufgabenverteilung statt durch die verschiedenen Berufe, die einen **erheblichen Fortschritt** darstellt und wovon alle profitieren .

Kapitel 17

Meine

energetische Relativitätstheorie

Energie , Zeit, Raum und Masse gehören zu den faszinierendsten Phänomenen unseres Universums.

Deswegen haben sich schon viele Philosophen und auch andere Wissenschaftler mit diesen Erscheinungen beschäftigt , ohne jedoch das ganze Geheimnis enträtseln zu können.

So behauptete der Philosoph **Heidegger**, daß eine ursprüngliche Zeit existieren würde, die sich zwar unseres Alltags und Bewußtseins entziehen würde ; sie sei jedoch der Sinn von Sein , und unsere Zeit davon abgeleitet .

Der Philosoph **Kant** meinte, daß Zeit und Raum weder Dinge ,noch Vorgänge, noch Realität wären ; sie würden vielmehr unserer Erkenntnisstruktur angehören . Es war ebenfalls Kant, der behauptete, daß die Bewohner von Jupiter in 5 Stunden daßelbe verrichten könnten wie die Menschen auf der Erde in 12 Stunden.

Energie , Zeit, Raum und Masse sind die 4 Grundpfeiler des Universums und gehören gleichzeitig zu den faszinierendsten Phänomenen unserer Welt . Sie kommen einem aber im ersten Augenblick so abstrakt vor, daß man zunächst mit Ihnen nichts anfangen kann, und scheinen jede Relation zueinander zu vermissen.

Tatsächlich sind sie aber 4 voneinander abhängige Phänomene, die sich gegenseitig bedingen und unmittelbar zusammenhängen , wobei das Primäre die Energie ist, während die Zeit , der Raum und die Masse die sekundären Größen darstellen.

Ohne Energie bzw. Masse gibt es keinen Raum (als Unterbringungsort) und ohne Zeit wäre die Energie nicht existent bzw. tot.

Die Gesetzmäßigkeiten zwischen Energie, Zeit , Raum und Masse werden bestimmt durch meine energetische Relativitäts-Theorie.

Wir können aber diese Theorie nur verstehen, wenn wir uns davon loslösen, alles in der Welt als absolut anzusehen und uns damit vertraut machen, daß in der Welt sehr vieles **relativ** ist, was wir bis jetzt als absolut angesehen haben.

Es ist wahrscheinlich menschlich, die Erde und uns Menschen als Mittelpunkt zu betrachten und die physikalischen Erscheinungen, die auf der Erde normalerweise vorkommen, als absolut für die gesamte Welt anzusehen. Tatsächlich ist es aber nicht so.

Wenn man bedenkt, wie groß das Universum mit den vielen Galaxien, Sonnen und anderen Himmelskörpern ist, und daß die Erde mit den ganzen Menschen darauf nur einen sehr winzigen Teil des Universums darstellt, wird man vielleicht angeregt, über diese Sachen nachzudenken.

Weitere Voraussetzung für das bessere Verständnis meiner energetischen Relativitätstheorie die Lektüre **meines Buches „ Sind die Relativitätstheorien von Einstein richtig?, meine energetische Relativitätstheorie“**.

Ferner ist es wichtig , daß wir uns klar machen, daß es sich bei den hier in Frage kommenden Energiebeträgen,

um astronomische, d.h. enorm große **Energiemengen handelt, die hier auf unserer Erde kaum erzielbar sind.**

Die Zeit ist die Dauer eines Vorganges (z.B. die Dauer einer Schwingung ,einer Bewegung , einer Umdrehung, einer Pendelbewegung, einer Pulsation usw.) . Die Zeit wird auf unserer Erde bekanntlich gemessen durch Uhren, wovon es verschiedene Arten gibt. Wir kennen z.B. Opas **Pendeluhren, Federuhren mit Unruh , Quarzuhren und elektrische Uhren**. Die Zeit wird jedoch am genauesten gemessen durch Atomuhren, die auf Schwingungen der Cäsium-Atome beruhen.

Alle diese Uhren haben jedoch ihre spezifischen Probleme und Unzulänglichkeiten und sind keineswegs perfekt und überall einsetzbar. **Sie werden ferner bei extremen Bedingungen entweder funktionsunfähig oder werden zerstört , sodaß sie für die Messung der Zeit bei den hier meist infrage kommenden Extrembedingungen nicht geeignet sind.**

Es gibt auch " biologische Uhren " ,deren Verhalten letzten Endes auf intermolekularen Vorgängen bzw. Stoffwechselvorgängen beruhen. Auch sie können selbstverständlich langsamer oder schneller gehen , je nachdem wie schnell die Stoffwechselvorgänge verlaufen.

Unser Zeitempfinden hängt im wesentlichen davon ab, wie schnell bzw. wie langsam diese Vorgänge verlaufen .

Die **Zeiteinheit** ist Sekunde, die international definiert ist, als die 9192631770-fache Periodendauer der Mikrowellenstrahlung der Cäsium-133-Atome ,die dem Übergang zwischen den beiden Hyperfeinstrukturniveaus des Grundzustandes entspricht.

Wir wollen nun untersuchen, was für Phänomene wir beobachten würden, wenn die Zeit langsamer oder schneller gehen würde. Stellen wir uns vor, wir könnten durch ein Teleskop Menschen auf einem anderen sehr weit entfernten Planeten in einer anderen Galaxie beobachten, wo die Zeit langsamer geht , als bei uns . Wir würden dabei z.B. feststellen, daß sie sich im Vergleich zu uns sehr langsam bewegen würden. Sie würden z.B. langsam gehen , langsam laufen, essen, sprechen, lachen usw.

Wenn wir die Herztöne von ihnen hier hören könnten, so würden wir feststellen, daß ihre Herzen langsamer schlagen würden, als unsere Herzen . Diese Menschen auf dem anderen Planeten würden aber gar nicht merken, daß ihre Zeit langsamer geht, sie würden vielmehr ihre Zeit und ihre Bewegungen für ganz normal halten und würden unsere Zeit und Bewegungen für zu schnell halten. Wenn sie uns das Licht ihres Scheinwerfers zeigen würden, so würden wir es rötlich sehen, da auch ihre Lichtwellen langsamer schwingen würden, was gleichbedeutend wäre, mit einer größeren Wellenlänge und einer Rotverschiebung .

Umgekehrt, wenn wir durch unser Teleskop Menschen und Vorgänge auf einem anderen Planeten beobachten könnten, wo die Zeit schneller geht, so würden wir feststellen, daß dort umgekehrt z.B. die obigen Phänomene bzw. Vorgänge schneller gehen als bei uns . Ihr Licht würde bläulich aussehen und die entsprechenden Spektren würden dann eine Blauverschiebung zeigen.

Wir können nun das verallgemeinern und kommen zur folgenden Definition von mir:

Wenn also in einem Ort bzw. Bereich (kann äußerst klein oder auch riesengroß sein) die meisten Vorgänge bzw. Phänomene und Abläufe langsamer gehen (z.B. atomare und molekulare Schwingungen und Bewegungen , andere Bewegungen und Schwingungen, chemische und biologische Reaktionen , usw.) , so ist das gleichbedeutend , daß dort die Zeit langsamer geht. Gleichzeitig tritt dabei eine Rotverschiebung auf. In einem solchen Ort würden wir z.B. langsamer altern und länger leben können , da auch die

biologischen Reaktionen in unseren Körpern langsamer laufen würden .

Umgekehrt, wenn in einem Ort bzw. Bereich die meisten Vorgänge bzw. Phänomene und Abläufe schneller gehen , bedeutet das, daß dort die Zeit schneller geht. Es wird dann eine Blauverschiebung auftreten . Dort würden wir deswegen auch schneller altern und früher sterben .

Für diejenigen, die mit der Materie noch nicht ganz vertraut sind , möchte ich kurz erläutern , was eine **Blauverschiebung** und was eine **Rotverschiebung** ist, weil das für das Verständnis der Thematik unerläßlich ist . Wir kennen alle folgendes Phänomen: wenn wir am Rande einer Landstraße stehen und ein Auto von weitem kommt und an uns vorbeifährt , ändert sich für uns das Autogeräusch so, daß beim Annähern des Autos an uns das Geräusch laufend heller wird, d.h. die Schall**frequenz** laufend **höher** wird , und wenn das Auto an uns vorbei gefahren ist und sich wieder von uns entfernt, das Geräusch laufend dunkler wird d.h. die Schall**frequenz** laufend **tiefer** wird . Dieses Phänomen ist bekannt als der **Doppler-Effekt** (Der Name hat etwa mit Verdoppeln gar nichts zu tun , sondern es heißt Doppler-Effekt, weil der Entdecker dieses Phänomens Doppler hieß) .

Denselben Effekt gibt es auch beim Licht. Wenn z.B. ein Stern sich an uns annähert, wird die Lichtfrequenz höher , dies bedeutet beim Licht daß es bläulich wird , weil die blaue Lichtfarbe eine höhere Frequenz hat , und wenn der Stern sich von uns entfernt, erscheint sein Licht rötlich , weil die Lichtfrequenz abnimmt. Die Spektren der betreffenden

Sterne verschieben sich dabei ebenfalls in Richtung blau bzw. rot . Dies wird bezeichnet als **Blauverschiebung** und **Rotverschiebung** .

Meine energetische Relativitäts-Theorie :

Die von mir entwickelte energetische Relativitätstheorie besagt, daß Energie (Temperatur, Druck, Strahlung , Gravitation , usw.) Zeit, Raum und Masse in der nachfolgend beschriebenen Art beeinflußt ,so daß sie relativ werden und nicht mehr absolut sind, wobei gleichzeitig eine Rot- bzw. Blauverschiebung der entsprechenden Spektren auftritt :

Eine enorme Erhöhung der Energie hat zur Folge, **daß meisten Vorgänge bzw. Phänomene und Abläufe (z.B. Bewegungen)** langsamer **verlaufen , weil das Medium unter dem Einfluß der enorm hohen Energie (astronomischen Energie) u.a.** dichter **wird und ferner weil die** Gravitation zunimmt **(** vergl. **mein Buch „Revolution der Astronomie und Physik „und meine wissenschaftliche Arbeit „ Verfügt die Energie auch über eine Gravitation ?") .**

Das dichter werden unter dem Einfluß der Energie könnten wir uns z.B. so klarmachen:

Wir wissen , daß die Masse aus Energie besteht , und umgekehrt die Energie sich in Masse umwandeln kann (E = m c ²) . In der Materie ist also eine sehr hohe Energiemenge konzentriert, die praktisch eingefroren ist. Dies bedeutet, daß bei einer enormen Erhöhung der Energie d.h. bei einer weiteren **Zufuhr** von Energie , die " freien" Energiewellen näher aneinander rücken , also immer dichter werden, und bei einer weiteren starken Energieerhöhung sich schließlich zu Materie vereinigen .

Das dichter werden und Kompression könnten wir uns auch einfach klar machen , wenn wir an Druckenergie denken .

Wir wissen außerdem , daß z. B. der Kern unserer Sonne, der hauptsächlich aus Helium und Wasserstoff (beide normalerweise bekanntlich gasförmig) besteht, wegen der dort vorhandenen hohen Energie- und insbesondere der Druckverhältnisse nicht gasförmig, sondern fest ist.

Bei den **Neutronensternen und Pulsaren**   ist die Kompression der Materie durch die Gravitationsenergie so stark , daß dadurch die Atomkerne dermaßen zusammenrücken, daß zwischen denen kaum Platz übrig bleibt für die Elektronenbahnen , **sodaß dadurch eine dermaßen enorme Dichte bzw. so ein Gewicht entsteht , daß dort ein Fingerhut der Materie ca. 100 Millionen Tonnen und auch mehr wiegt !**

Das dichter werden des Mediums bei einer Erhöhung der Energie wird ferner belegt und bewiesen durch die Experimente der Plasmaphysik .

In einem dichterem Medium verlaufen aber z. B. alle Bewegungen langsamer Z. B. gehen die Schwimmbewegungen im Wasser langsamer als in der Luft, weil das Wasser dichter ist als die Luft , oder ist uns allen bekannt, daß das Umrühren von Wasser leichter , schneller und mit weniger Kraft geht, als das Umrühren des Honigs oder der Marmelade (diese Beispiele dienen nur dazu die Sache sich besser klar zu machen bzw. sich besser vorzustellen, sind aber selbstverständlich in ihrer Natur ganz anders). In einem noch dichteren Medium und bei einer höheren Gravitation würden die Bewegungen noch langsamer vor sich gehen ,auch die Atome müssen langsamer schwingen und die elektromagnetischen Wellen einschließlich Lichtstrahlen zeigen eine Frequenzabnahme bzw. Rotverschiebung, beim Vorhandensein der adäquaten Raumgröße.

Die Zeit geht langsamer, wenn die meisten Vorgänge bzw. Phänomene und Abläufe langsamer laufen , wie wir oben gesehen haben . Deswegen bewirkt eine Energieerhöhung eine Zeitverlangsamung, wobei gleichzeitig eine Rotverschiebung auftritt. Bei einer enorm hohen kritischen Energie muß die Zeit gegen Null neigen bzw. schließlich stehen bleiben.

Auch die biologischen Reaktionen würden sich ähnlich verhalten , weil bei einer enormen Energieerhöhung auch die biologischen Prozesse und Vorgänge (Stoffwechsel, deren Geschwindigkeit letzten Endes meistens durch die Enzymreaktionen und Molekularbewegungen bestimmt wird, Herz- und Atemfrequenz usw.) langsamer verlaufen. Wir würden dann z. B, länger jung bleiben und langsamer altern. Den

Lebewesen sind jedoch durch die Struktur ihrer Körpersubstanzen in der Natur Grenzen gesetzt, so daß wir diese extremen Energieverschiebungen nur theoretisch aber nicht praktisch durchmachen könnten.

Wir halten also fest: **Bei einer enormen Erhöhung der Energie geht die Zeit langsamer** und es entsteht eine Rotverschiebung ; die Zeit neigt gegen null, wenn die Energie fast unendlich groß wird (z.B. bei Supergravitationen) und würde schließlich stehen bleiben, wenn die Energie unendlich groß wird .

Bei einem Nachlassen der enorm hohen Energie, verhält sich die Zeit umgekehrt.

Bei einer enormen Energieerhöhung wird das Volumen der Materie kleiner d.h. es wird **komprimiert,** weil unter dem Einfluß der enorm hohen (astronomischen) Energie das Medium **dichter** wird und sich zusammenzieht . **Deswegen rückt die Materie zusammen, und zwar auch die Materie der näheren Umgebung, und dadurch werden auch die Strecken kürzer .**

Bei einer Energieverminderung ist es umgekehrt . Das Volumen der Materie wird größer und dadurch werden auch die Strecken länger .

Das obige Beispiel aus dem Gebiet der Astronomie bezüglich der Neutronensterne und Pulsare hilft uns auch dieses Phänomen besser zu verstehen ,da wie wir gesehen haben, eine norme Energiemenge (Gravitationsenergie) zu massiven Kompressionen bzw. Volumenreduzierungen der Materie führt , mit den Folgen, die bereits erwähnt worden sind.

Auch die Masse bzw. das Gewicht wird bei einer Energieerhöhung schwerer . Bei einer Energieverminderung wird die Masse leichter. Ein heißes Bügeleisen ist z.B. etwas schwerer, als ein kaltes und umgekehrt.

Der Grund liegt im übrigen keineswegs darin, daß etwa wie normalerweise behauptet wird, die Energie sich dadurch in Masse umwandelt (für die Umwandlung der Energie in Masse sind bekanntlich in der Regel erheblich höhere Temperaturen erforderlich, als das Bügeleisen in der Lage wäre zu erzeugen), sondern der Grund liegt darin, daß die Temperaturerhöhung bzw. Energiezufuhr zu einer Erhöhung der Gravitation des Bügeleisens führt , eine Tatsache, die experimentell durch Gravitationsmessung ebenfalls nachgewiesen werden kann .

Alle Energieformen verhalten sich ähnlich, mit Ausnahme der Wärmeenergie. (Die Bewegungsenergie nimmt nur insofern ebenfalls eine Sonderstellung ein, als sie gerichtet ist)

Es ist ferner zu beachten, daß einzelne Energieformen ineinander übergehen können. Z. B. geht Druckenergie meistens teilweise in Temperaturenergie über. Wir brauchen z.B. nur an eine Fahrradpumpe zu denken, die sich bei Kompression erwärmt .

Eine Ausnahme stellt , wie bereits erwähnt, die Wärmeenergie dar, die gleichzeitig eine Sonderstellung einnimmt. Bei einer Zunahme der Wärmeenergie (Temperaturerhöhung) geht die Zeit schneller, das Volumen der Materie wird größer bzw. dehnt sich aus und es entsteht eine Blauverschiebung, weil das Medium sich ausdehnt und an Dichte verliert.

Eine Abnahme der Wärmeenergie (= Temperaturerniedrigung) bewirkt das Gegenteil.

Nur die Masse verhält sich ähnlich , wie bei den anderen Energieformen.

Im übrigen, durch den beschriebenen Einfluß der Wärmeenergie auf Zeit wird auch erklärbar, weshalb die Lichtwellen und sonstige elektromagnetische Wellen der Galaxien und Sterne sich im interstellaren Raum des Universums über Milliarden Jahre ausbreiten und trotzdem hier bei uns ankommen können ,da die Zeit nicht nur durch die enorm hohe Geschwindigkeit , sondern auch durch die dort herrschende enorme Kälte erheblich langsamer läuft und sie durch die Zeitverlangsamung praktisch konserviert werden und sie tatsächlich aus ihrer Sicht nicht Milliarden Jahre unterwegs sind, sondern ganz erheblich kürzer .

Diese Ausnahme der Wärmeenergie wirkt gleichzeitig als eine Art Gegenspiel bzw. Gegenpol , d.h. die

Wärmeenergie funktioniert als eine Art Gegenregulationsmittel zu den anderen Energieformen, bzw. als Rückkopplung, und verhindert dadurch Entgleisungen und Katastrophen, die sonst bei massiven **Energieänderungen im Universum unvermeidbar wären .**

Gleichzeitig unterstreicht das Sonderverhalten der Wärmeenergie nochmals die Richtigkeit meiner energetischen Relativitätstheorie, da die meisten Naturphänomene aus 2 paradoxen und entgegengesetzten Einzel-Phänomenen bestehen und die Rückkopplungsvorgänge in der Natur weit verbreitert sind (wegen einer umfassenden Darstellung s. **meine wissenschaftliche Arbeit "„Regelkreise und Rückkopplungen im Universum bzw. in der Natur ") .**

Die folgenden Beispiele machen dies anschaulich:

1. ***Das 3. Axiom von Newton*: Aktion und Reaktion ,** das besagt, daß jede Aktion eine Reaktion hervorruft, die ihr entgegengesetzt ist. Oder anders ausgedrückt : Kräfte treten paarweise auf, und zwar so, daß sie entgegengesetzt wirken. Wenn z.B. auf eine Fläche Druck ausgeübt wird, wird dadurch eine gleich große Gegenkraft ausgelöst, die dieser Kraft genau entgegenwirkt.

2. *Die Lentzsche Regel* : Die von einem Strom hervorgerufene Induktionsspannung ist so gerichtet, daß sie diesem Strom entgegen wirkt.

3. *Rückkopplungsphänomene* sind auch *in der Medizin* bestens bekannt, und dienen der Regulation bzw. der Feindosierung z.B. der **Hormone**. So funktioniert z.B. beim Menschen das gesamte endokrine System . Z. B. das **TSH** (Thyreoidea-stimulierendes Hormon) des Hypophysen-Vorderlappens bewirkt die Produktion des **Thyroxins** (Schilddrüsenhormon) in der Schilddrüse. Das Thyroxin der Schilddrüse inhibiert jedoch seinerseits die Produktion des TSH, so daß dadurch die Produktion von TSH wieder zurückgeht und der Rückkopplungskreis geschlossen wird . Dadurch wird verhindert, daß zuviel TSH produziert wird. So wird die Menge des TSH bzw. des Thyroxin ganz fein reguliert und angepaßt.

4. **Ein weiteres gutes Beispiel für die Rückkopplungsphänomene im Bereich der Medizin ist ferner das Zusammenspiel zwischen dem ACTH (Adrenokortikotropes Hormon) , das ebenfalls im Hypophysenvorderlappen produziert wird , und der Cortisol-Synthese und -Sekretion in der NNR (Nebennirenrinde) dient .** Ein vermehrtes Ausschütten des ACTH des Hypophysenvorderlappens führt zu einer erhöhten Synthese und -Sekretion des Cortisols der NNR , das seinerseits zu einer Suppression der Produktion des

ACTH führt. Dadurch wird in diesem Kreis ebenfalls die Hormonmenge ganz fein reguliert und angepaßt.

Höchstwahrscheinlich genau aus diesem Grunde haben auch Änderungen vieler anderer Energieformen wie Druckänderungen , Temperaturänderungen zur Folge (und umgekehrt), die wie oben dargestellt, gegenseitige Veränderungen verursachen , somit regulierend wirken und Entgleisungen bei großen Energieveränderungen vor allem im Universum verhindern.

Somit spielt die Wärmeenergie als Begleiterscheinung anderer Energieformen , eine Regulierungs- bzw. Rückkopplungs-Funktion.

Bei sehr hohen Temperaturen lassen jedoch die diesbezüglichen Wirkungen der Temperatur nach und erreichen bei entarteter Materie ihre Grenze.

Um das zu verstehen müssen wir eine kleine Reise unternehmen im Bereich der Plasmaphysik. Ich werde jedoch versuchen, die Sache so einfach und verständlich darzustellen wie möglich und ohne Ballast.

Bei einer massiven Temperaturerhöhung ,etwa ab 10 000 Kelvin, ändert sich der Zustand der Materie . Weil ab dieser Temperatur die Atome ihre Elektronen nicht mehr halten können und deswegen die Elektronen der Atomhüllen abgestreift werden, um so vollständiger, je höher die Temperatur ansteigt. Deswegen befinden sich ab dann die Atome in ionisiertem Zustand . So ein ionisiertes Gas nennt man **Plasma** , d.h. die Materie bzw. das Gas befindet sich nun im Plasma-Zustand.

Bei noch weiter ansteigenden Temperaturen tritt nach und nach neben dem Gasdruck auch der **Strahlungsdruck** zunehmend in Erscheinung , der rapide zunimmt und ab Temperaturen von einigen Millionen Kelvin sogar den Gasdruck übersteigt .

Das Gas **verdichtet sich zunehmend** und bei sehr hohen Temperaturen **wird der Druck nur noch abhängig werden von der Dichte und nicht mehr von der Temperatur.** Diesen Zustand , der bei Drücken von einigen Millionen Pascal begleitet wird , bezeichnen wir in der Physik als **entartet** . Ab diesem Temperaturbereich treten **relativistische** Zustände in Erscheinung.

Z.B. im Inneren der Sterne existieren solche Zustände .

Die durch Energie verursachten Änderungen sind aus unserer Sicht , also relativ; wir würden unsere Zeit und die Abläufe unserer Phänomene bei unseren Energieverhältnissen als normal betrachten und die eigenen Veränderungen gar nicht merken . Die Phänomene und Abläufe bei unseren Brüdern anderswo im Universum bei anderen Energieverhältnissen wären vielmehr aus unserer Sicht sehr schnell. bzw. sehr langsam . Umgekehrt unsere Brüder im Universum würden ihre Zeitabläufe für normal halten und das Gefühl haben , daß unsere Zeit schneller oder langsamer laufen würde .

Es gibt mehrere Methoden und Beispiele, um die Richtigkeit dieser Theorie nachzuweisen:

1. Einige Beweise habe ich schon oben erwähnt .

2. Beweisführung und Ableitung aus den Beobachtungen und Experimenten der Plasma-Physik , die hier an dieser Stelle nochmals wiederholt wird:

Bei einer massiven Temperaturerhöhung ,etwa ab 10 000 Kelvin, ändert sich der Zustand der Materie. Weil ab dieser Temperatur die Atome ihre Elektronen nicht mehr halten können und deswegen die Elektronen der Atomhüllen abgestreift werden, um so vollständiger, je höher die Temperatur ansteigt. Deswegen befinden sich ab dann die Atome in ionisiertem Zustand . So ein ionisiertes Gas nennt man Plasma , d.h. die Materie bzw. das Gas befindet sich nun im Plasma-Zustand.

Bei noch weiter ansteigenden Temperaturen tritt nach und nach neben dem Gasdruck auch der **Strahlungsdruck** zunehmend in Erscheinung , der rapide zunimmt und ab Temperaturen von einigen Millionen Kelvin sogar den Gasdruck übersteigt .

Das Gas **verdichtet sich zunehmend** und bei sehr hohen Temperaturen **wird der Druck nur noch abhängig werden von der Dichte und nicht mehr von der Temperatur.** Diesen Zustand , der bei Drücken von einigen Millionen Pascal begleitet wird , bezeichnen wir in der Physik als **entartet** . Ab diesem Temperaturbereich treten **relativistische Zustände in Erscheinung.**

Z.B. im Inneren der Sterne existieren solche Zustände.

3. Eine weitere Beweisführung ist ferner gegeben durch die Äquivalenz der Masse und Energie. Wenn also die **Energie** zunimmt muß deswegen auch die **Masse** zunehmen und somit auch die Gravitation. Wir wissen aber ,daß eine Erhöhung der Gravitation dazu führt, daß die Zeit langsamer läuft und eine Rotverschiebung auftritt. **Deswegen muß also auch eine Erhöhung der Energie dazu führen, daß die Zeit langsamer läuft und eine Rotverschiebung auftritt .**

Wegen der weiteren ausführlichen Beweisführung durch Experimente s. meine wissenschaftliche Arbeit   " Weitere Beweise für meine energetische Relativitätstheorie " , und mein Buch „ Sind die Relativitätstheorien von Einstein richtig?, meine energetische Relativitätstheorie „.

Die beiden Relativitätstheorien von Einstein müssen korrigiert, zusammengelegt, und ergänzt werden . Sie sind ein Teilgebiet bzw. eine Sonderform meiner energetischen Relativitätstheorie, da Bewegung bzw. Geschwindigkeit und Gravitation Sonderformen der Energie, als Allgemeinbegriff , sind. Auch der Raumbegriff von mir ist anders als der Raumbegriff von Einstein .

Meine energetische Relativitätstheorie spielt im Universum eine immense Rolle und kann zahlreiche Phänomene und Erscheinungen im Universum erklären, für die man bis jetzt keine hinreichende Erklärung finden konnte . Die Nachfolgenden 30 Beispiele machen dies deutlich. Sie dienen gleichzeitig der Beweisführung für diese Theorie .

Konsequenzen , Bedeutung u. Anwendungsbeispiele meiner energetischen Relativitätstheorie :

1. Die energetische Relativitätstheorie könnte die fehlende Masse bzw. Gravitation liefern, die für die Rückkehr der Expansion des Universums notwendig wäre und danach bis jetzt vergeblich gesucht worden war Denn nach den Berechnungen der Astronomen , die die gesamte **Masse des Universums** berechnet haben, liefert die gesamte Msse des Universums nur ca. 10 % der erforderlichen Gravitationskraft , die für die Rückkehr des Universums erforderlich wäre, wenn der Newton' schen Gravitationsformel zugrunde gelegt würde. **Meine Theorie liefert auch hier die scheinbar fehlende Masse bzw. scheinbar fehlende Gravitation** (die fehlende Masse, die notwendig ist, um die sogenannte kritische Dichte zu erreichen).
Denn In vielen Gebieten des Universums wie z.B. im Zentrum der Galaxien bestehen sehr große Druck-, Strahlungs- und Temperaturverhältnisse und somit **sehr hohe Energiekonzentrationen.**, die eine enorme Massenzunahme bewirken können und ferner enorm große zusätzliche Gravitationen erzeugen können .

2. Die energetische Relativitätstheorie liefert auch die fehlende Masse bzw. Gravitation , für den Zusammenhalt der Galaxien , wonach bisher ebenfalls vergeblich gesucht worden war.

Wir wissen nämlich, daß die berechnete **Masse der einzelnen Galaxien** nur ca. 10 % der Masse beträgt, die erforderlich wäre , um die einzelnen Galaxien aufgrund der nach der Newton'schen Gravitationsformel berechneten Gravitationskraft zusmmenzuhalten , damit die einzelnen Sterne der Galaxien sozusagen nicht wegfliegen.

Auch dieses Problem wird durch meine energetische Relativitätstheorie gelöst und die scheinbar fehlende ca. 90 % Rest-Gravitation findet ihre Erklärung , da insbesondere im Kern der Galaxien enorme Mengen Energie vorhanden sind, die bisher nicht berücksichtigt worden war (vergl. in diesem Zusammenhang auch **meine wissenschaftliche Arbeit „ Verfügt die Enerige auch über eine Gravitation ?) .**

3. Einen weiteren Beweis für meine Theorie haben die neuesten Beobachtungen des Hubble-Teleskops geliefert: Einige Galaxien sind am Himmel mehrfach abgebildet, weil deren Licht durch eine davor liegende Galaxie durchgegangen und diese Galaxie wie eine **Linse** gewikrt hat (sogenannten Einstein'schen Linse) .
Dadurch kann nunmehr die Gravitation der als Linse gewikten Galaxie aufgrund der berechneten Masse der Galaxie und der Newton'scher Gravitaionsformel berechnet werden. Diese Berechnung hat aber

ergeben, daß dadurch nur ca. 10 % der für diese Abbildungen erforderlichen Gravitation geliefert wird, sodaß als eine Art Notlösung eine (nur vermutete und erst gar nicht vorhandene) Art dunkle Materie bzw. dunkler Staub !! unterstellt wurde.

Meine Theorie löst auch dieses Problem und liefert die fehlende Gravitationskraft, da bisher die enorm hohen Energiemengen der betreffenden Gebiete nicht berücksichtigt worden waren .

4. Sie könnte die beobachtete erheblich abweichende Rotverschiebung einzelner Galaxien innerhalb von gewissen Galaxie-Gruppen erklären, die man bis jetzt gar nicht deuten konnte, da alle Galaxien einer Gruppe ähnliche Geschwindigkeiten, und somit gleiche Rotverschiebung haben müßten. Sie wären nach dieser Theorie darauf zurückzuführen, daß die entsprechenden Galaxien z.B. andere Temperatur- und Druckverhältnisse und somit andere Energiekonstellationen und deswegen abweichende Rotverschiebungen besäßen.

5. Sie könnte die beobachtete stärkere Rotverschiebung im Zentrum unserer Galaxie erklären und zwar durch die dort vorhandenen enormen   Energiekonzentrationen wegen der dort herrschenden großen Temperatur- und Druck- und Strahlungsverhältnisse.

Diese Rotverschiebung hatte man bis jetzt auf eine höhere Geschwindigkeit des Zentrums der Galaxie zurückgeführt, die jedoch sowohl aufgrund meiner

Theorien der Galaxien als auch aufgrund der neueren Messungen, nicht richtig ist .

6. Sie könnte die **zusätzliche Rotverschiebung unserer Sonne** erklären, die bisher nicht erklärbar war.

7. Die Kerne bzw. die Kerngebiete heißer bzw. energiereicher Sterne und Galaxien sind wahrscheinlich **auch deswegen weitgehend stumm,** da nicht nur wegen der enormen Massenkonzentration dort , sondern auch durch die dortige enorme Energiekonzentration keine größere Strahlungen mehr abgestrahlt werden können, da sie dort sozusagen stark festgehalten werden . Deswegen haben wir somit nur begrenzte oder keine Möglichkeiten, Informationen von diesen Gebieten zu erhalten. Die elektromagnetischen Signale einschließlich der Lichtstrahlen, die wir von diesen Himmelsobjekten erhalten, verraten uns sehr wahrscheinlich nur Informationen aus den oberflächlichen Gebieten dieser Objekte.

8. Auch deswegen ist das Zentrum unserer Galaxie dunkel und weitgehend stumm, weil die dort vorhandenen enormen Energiekonzentrationen zusätzlich zu der dort vorhandenen enormen Masse verhindern, daß von dort Strahlen hier bei uns ankommen. Dies wurde bisher vielfach mit einer Dunkelwolke bzw. mit Staubwolke in Zusammenhang gebracht , was allerdings nicht sehr plausibel erscheint .

9. Viele als **Dunkelwolke und Staubpartikel** bezeichnete Gebilde sind wahrscheinlich nichts reelles und hängen damit zusammen, daß von diesen Gebieten, durch die " astronomischen „ Energiekonzentrationen, keine Signale z.B. als Licht usw. ausgehen können, bzw. auch die Signale der hinter ihnen liegenden Objekte angehalten werden und somit hier bei uns nicht mehr ankommen können.

10. Eine gravierende Konsequenz dieser Theorie wäre, daß die meisten berechneten Entfernungen der Galaxien bzw. der Sterne falsch wären und korrigiert bzw. neu berechnet werden müßten. Die Berechnungen der Entfernungen der weiten Galaxien beruht ja u.a. hauptsächlich darauf, daß aufgrund der beobachteten Rotverschiebung die Geschwindigkeit und nach der Hubble-Konstante die Entfernung berechnet wird. Da nach dieser Theorie die Rotverschiebung nicht nur mit der Geschwindigkeit, sondern mit der Energie zusammenhängt. müssen die berechneten Entfernungen korrigiert werden.

11. Aus Nr. 10 folgt, daß auch die bisher angenommene Größe des Universums total revidiert und korrigiert werden müsste .

12. Die Hubble-Konstante wäre nicht richtig und mußte nochmals erheblich korrigiert werden (sie ist bekanntlich schon mehrmals korrigiert worden).

13. Sie erklärt sehr gut die Ursache der verschiedenen Rotverschiebungen bei einem und demselben Quasar, da die Energieverhältnisse von Ort zu Ort ganz verschieden sein können und damit auch das Maß der Rotverschiebungen .

14. Man hat bei einigen Quasaren so große Rotverschiebungen festgestellt, die noch weit größeren Geschwindigkeiten entsprechen als die Lichtgeschwindigkeit. **Meine Theorie erklärt ebenfalls, wie diese Rotverschiebungen zustande kommen können (** wegen der möglichen dort vorhandenen enormen Energiekonzentrationen) .

15. Berechnungen haben bekanntlich ergeben, daß Galaxien untereinander Haufen bilden können, auch wenn sie bis zu 6o Millionen Lichtjahren auseinander entfernt sind . Die bei den konventionellen Rechnungen herausbekommene Masse wäre jedoch viel zu klein, um das erklären zu können. **Meine Theorie löst auch dieses Problem durch die dort vorhandenen enormen Energiekonzentrationen.**

16. Die beiden Einsteinschen Relativitätstheorien sind nur Sonderformen meiner energetischen Relativitätstheorie, da Bewegung (bzw. hohe Geschwindigkeiten) und Gravitation nur Sonderformen der Energie als „Oberbegriff" sind.

17. Sie kann erklären, wie die Bahnänderungen der Raumschiffe im Rahmen des Apollo-Programms zustande kamen.

18. Verschiedene Raumsonden haben festgestellt, daß einige Saturnringe nicht ganz kreisförmig sind, sondern Zacken zeigen und sich an einigen Stellen berühren können. Das konnte man nach den bisherigen physikalischen Gesetze nicht plausibel machen. **Meine Theorie löst jedoch auch dieses Problem .**

19. Die meisten physikalischen Gesetze und Formeln sind keineswegs ohne weiteres überall gültig und anwendbar , da durch die veränderten Zeit-, Raum- und Energieverhältnisse erhebliche und auch nicht ohne weiteres vorausberechenbare oder nicht bekannte Abweichungen auftreten bzw. die Formeln ihre Allgemeingültigkeit verlieren können. **Dies hat eine erhebliche Konsequenz für die gesamte Physik.**

20. Das Rätsel des bekannten Experiments der chinesischen Physikerin Wu zur Entdeckung der Paritätsverletzung beim Beta-Zerfalls kann durch meine energetische Relativitätstheorie bestens gelöst werden.

21 . Da auch das Licht mehrere Milliarden Lichtjahre braucht, um z.B. von uns bis in die tiefen Regionen des Universums anzukommen, schien es bis jetzt für einen Gegenstand unmöglich, das Universum zu überqueren . Meine Theorie widerlegt das, da in den Gebieten, die enorm hohe Energiemengen besitzen, die Zeit fast still steht, so daß man dort z.B. gar nicht alt wird. Mit diesen Gebieten könnte man z.B. in einigen Sekunden das ganze Universum überqueren ! (Das ist allerdings nur theoretisch möglich und nicht praktisch, da diese enorm hohen Energiekonzentrationen für Lebewesen tödlich wären).

22. Die Zeit ist relativ und wird beeinflußt durch den jeweiligen Energiezustand. Wir kennen hier auf unserer Erde die irdische Zeit . **In den Zentren der Galaxien , auf den Quasaren und in den Supergravitationen geht die Zeit wesentlich langsamer.** Dort steht die Zeit fast still. Wenn man sich dort aufhalten könnte, würde man fast gar nicht alt werden und ewig jung bleiben. Wir brauchen erst gar nicht so weit zu „reisen" um diese Phänomene festzustellen. Im Inneren unserer Galaxie und auch wahrscheinlich schon im Inneren unserer Sonne geht die Zeit etwas langsamer als bei uns.
Dies alles wird verursacht, durch die dort vorhandenen enormen Energiekonzentrationen, etwa in Form von Druck , Temperatur- und Gravitationsenergie usw.

23. **Energie sorgt dafür, daß die Materie zusammen rückt. Wir wissen inzwischen , daß das im Bereich des Zentrums unserer Galaxie der Fall ist** Ganz krass wird es im Bereich der Supergravitationen, und zwar wegen der dort vorhandenen enormen Energiekonzentrationen.

24. Masse wird relativ: Das bedeutet z.B. , daß ein Stein hier auf der Erde einen anderen Wert bzw. ein anderes Gewicht hat, als auf der Sonne bzw. im Zentrum unserer Galaxie , und zwar auch durch die dortigen enormen Energiekonzentrationen

25. Die gesamten elektromagnetischen Wellen , wie das Licht ,die Röntgen- und die Gamma-Strahlen aber auch die **Radiostrahlen** ,die wir aus dem Universum empfangen, könnten Strahlen sein, die erheblich stärkere Rot- oder Blauverschiebung zeigen , als bisher angenommen .Das könnte zu erheblichen Korrekturen führen und neue Aspekte eröffnen, die bisher unvorstellbar gewesen wären .

26. Im August 1972 beobachtete man eine gewaltige Sonneneruption mit einem damit verbundenen enormen Energieausbruch. Gleichzeitig, nämlich **am 8. August 1972 registrierte man auch einen sprungartigen Anstieg der Tageslänge,** die normalerweise um 1,6 Milli-Sekunde pro Jahrhundert zunimmt. **Dieses Phänomen, das bisher nicht erklärbar war, kann durch meine Theorie gut erklärt werden** .

27. Auch das Problem des unerwartet frühen Eintritts der amerikanischen Raumstation Skylab in die Erdatmosphäre , die ebenfalls bisher unerklärlich geblieben war, **kann durch meine Theorie gelöst werden**, da damals zur gleichen Zeit,

nämlich im Juli 1979 die Sonne ebenfalls eine enorme
Aktivität zeigte.

28. Die Zahl der Neutrinos, die im Inneren unserer
Sonne entstehen und in den Weltraum abgestrahlt
werden, ist nach Messungen wesentlich kleiner, als
erwartet.   Auch dieses Problem , das bisher
unerklärlich war, kann durch meine Theorie geklärt
werden .

. 29 .   Diese Theorie stimmt ferner überein" mit den
Meinungen der großen Philosophen, wie **Kant** und
Heidegger.

**30.   Die festgestellten und bisher unerklärbaren
deutlichen   Bahnabweichungen   und
Geschwindigkeitsverlangsamungen der in den
Jahren 1972 und 1973 gestarteten Raumsonden
Pioneer 10 und Pioneer 11** (es ist da die Rede von
geheimen Kräften und ob die Gesetze von Newton
falsch wären) **könnten nunmehr durch diese
Theorie erklärt werden** , durch mögliche hohe
Energiekonzentrationen in der Nähe der Bahnen
dieser Raumsonden , die im Gegensatz zu Massen,
selbstverständlich nicht sichtbar zu sein brauchen
**(vergl.   auch   meine   wissenschaftliche   Arbeit
„Verfügt   auch   die   Energie   über   eine
Gravitation?")**.

Die gravierendsten Konsequenzen dieser Theorie sind jedoch, daß das bisher angenommene Alter des Universums von 12-15 Milliarden Jahren nicht mehr richtig ist und erheblich korrigiert werden müßte , (vergl. auch mein Buch (Revolution der Astronomie und Physik")und ferner daß die bisher angenommenen Entfernungen der meisten Sterne und Galaxien ebenfalls nicht richtig sind und ebenfalls total revidiert werden müßten , wie bereits beschrieben .

Im Rahmen dieses Kapitels konnten natürlich nur **elnige** Beispiele gegeben und kurz erläutert werden. Die Anwendungsgebiete dieser Theorie sind jedoch in der Tat erheblich größer und können deshalb hier nicht alle erwähnt werden.

Ich hoffe ,daß es mir gelungen ist, Ihnen meine energetische Relativitätstheorie, die von immenser Bedeutung für das ganze Universum ist , verständlich zu machen , wobei ich darauf hinweisen möchte, daß dazu ein abstraktes Denkvermögen förderlich wäre .

Kapitel 18

Ist das Newtonsche

Gravitationsgesetz richtig?

Schon als Gymnasialschüler war ich ein Bewunderer von Newton ,und seine Gesetze haben mich fasziniert. Das Gravitationsgesetz von Newton ist zweifellos eine der großartigsten   Leistung unserer Astronomie und Physik gewesen und stellte einen großen Meilenstein in der Geschichte der Astronomie und Physik dar.

Später , als ich mich intensiver mit der Materie beschäftigte , kamen mir jedoch zunehmend Zweifel an der Richtigkeit seines Gravitationsgesetzes auf .

Die nachfolgend beschriebene Theorie habe ich schon Ende der 70iger Jahre bzw. Anfang der 80iger Jahre entwickelt , jedoch erst jetzt habe ich mich zu einer Publizierung entschieden, da ich an einigen weiteren Theorien arbeitete, die damit teilweise zusammenhingen.

Newton hat damals sein Gravitationsgesetz bzw. seine Gravitationsformel entwickelt aufgrund von Beobachtungen der Planetenbahnen und -bewegungen **innerhalb** unseres

Sonnensystems und natürlich aufgrund von dem damaligen Kenntnisstand der Wissenschaft .

Seitdem sind ca. 3,5 Jahrhunderte vergangen , es sind in der Zwischenzeit viele weitere Beobachtungen und viele Entdeckungen gemacht worden und der Wissensstand hat sich erheblich weiter entwickelt. Deswegen wollen wir uns überlegen , ob die Gravitationsformel von Newton noch richtig und haltbar ist.

Newton ist in seinem Gravitationsgesetz davon ausgegangen, daß die Gravitation eines Körpers (in seiner unmittelbaren Nähe, also unter der Weglassung des Faktors Entfernung) *konstant* und nur abhängig ist von seiner *Masse:*

$$F = G \cdot \frac{m\,1 \cdot m\,2}{r^2}$$

Ist die Gravitation aber wirklich konstant?

Bevor ich diese Frage beantworte, möchte ich anhand von sehr einfachen nachfolgenden Beispielen und Gesetzen die Wechselwirkungen zwischen **Energie** und **Schwingungen einschließlich der elektromagnetischen Wellen** für jeden besser anschaulich und verständlicher machen , ohne dabei auf viel unnötigen physikalischen Ballast und unnötige Formeln einzugehen :

1. Eine **Schaukel** stellt eine sehr einfache Schwingung dar . Wir wissen alle , daß wenn wir einer Schaukel **Energie zuführen** indem wir z.B. der Schaukel (in Richtung der Bewegung) einen zusätzlichen Stoß geben , die

Schaukelbewegungen   d.h.   die **Schwingungen intensiver** werden.

2. **Trillerpfeife**: Wenn wir den Druck erhöhen , d.h. kräftiger blasen (= **Energieerhöhung**) wird die Pfeife bekanntlich lauter , d.h. die **Schwingungen werden intensiver.**

3. **Musikinstrumente**:
Bei einem **Klavier** führt ein festerer Anschlag zu lauteren Klängen   , was gleichbedeutend ist mit einer **Intensivierung der Schwingungen.**

Bei den **Streichinstumenten** führt ein festeres Ziehen des Bogens (**Energieerhöhung**) zu lauteren Tönen d.h. zu **intensiveren Schwingungen**).

Bei den **Blasinstrumenten** wird durch ein kräftigeres Blasen die Lautstärke des Instruments ebenfalls erhöht , was gleichbedeutend ist mit **einer Intensivierung der Schwingungen (bei sehr starkem Blasen entsteht sogar die höhere Oktave , d.h. eine Frequenzzunahme der Wellen bzw. eine Abnahme der Wellenlänge , vergl. Analogie zu elektromagnetischen Wellen).**

Bei einer **Pauke** ist das Lauterwerden des Klangs durch festeres Schlagen besonders eindrucksvoll.

Dies alles bedeutet und demonstriert sehr eindrucksvoll, daß bei einer Energieerhöhung die Schwingungen intensiver werden.

4. **Beim Sprechen und Singen** wird bekanntlich durch Druckerhöhung die Lautstärke erhöht, d.h. **die Erhöhung der Energie führt auch hier zur Intensivierung der Schwingungen.**

5. Eine Glühbirne wird heller, bei einer Erhöhung der Spannung, was gleichbedeutend ist , daß auch hier bei einer **Erhöhung der elektrischen Energie** (die bekanntlich auch proportional abhängig ist von der Spannung.) die emittierte **elektromagnetische Abstrahlung (Licht) intensiver wird.**

6. Röntgenstrahlung: Eine Erhöhung der Spannung der Röhre führt zu Entstehung intensiverer energiereicheren (härteren) Strahlung, bei gleichzeitiger Frequenzzunahme. Die Eindringtiefe der Strahlung nimmt zu .

7. Stefan –Bolzmannsches Gesetz: Danach **nimmt die abgestrahlte Leistung zu** sogar **mit der 4. Potenz der absoluten Temperatu**r, d.h. sie ist stark **Temperatur-** und somit **Energieabhängig**.

8. und sicherlich nicht zuletzt das **Strahlungsgesetz des schwarzen Körpers** (s. unten).

Das alles bedeutet, daß eine <u>Energieerhöhung</u> **zu Entstehung von** <u>intensiveren</u> **Schwingungen bzw. elektromagnetischen Wellen führen**

Wir wissen, daß die Gravitation sich durch **Gravitationswellen** ausbreitet. Sie **gehören zum Spektrum der Elektromagnetischen Wellen**, mit einer enorm kleinen Wellenlänge. **(vergl. meine wissenschaftlichen Arbeiten über Gravitationswellen)** .

Wir kennen alle aus der Physik das **Strahlungsgesetz des schwarzen Körpers bzw. die Hohlraumstrahlung . Danach nimmt die Intensität der Lichtes (die Energie**

**bzw. die Leistung) zu, wenn die Temperatur erhöht wird,
wobei gleichzeitig die Wellenlänge abnimmt .**
Die nachfolgende Graphik macht dies anschaulich :

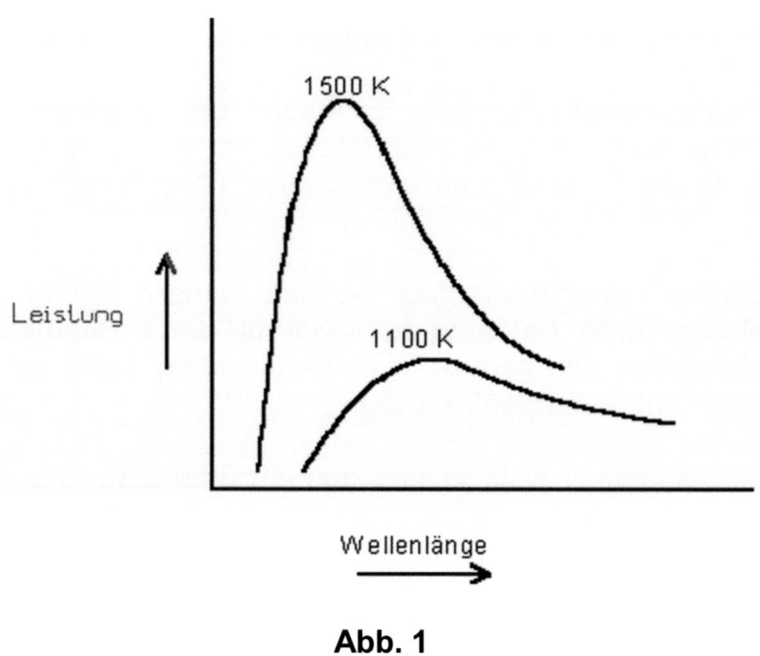

Abb. 1

Wir wissen alle z.B. wenn wir einen Gegenstand (z.B.
Eisen, Holz usw.) erhitzen, daß das Licht intensiver wird und
bei einer stärkeren Erhöhung der Temperatur das
aufgetretene Licht bzw. die aufgetretene Flamme mehr und
mehr eine bläuliche Farbe annimmt , d.h. **bei einer
Erhöhung der Temperatur (Energie) wird das *Licht
stärker* und die *Wellenlänge* wird zunehmend *kürzer*
(blau) .**

130

Wir wissen, daß dieses Gesetz gültig ist nicht nur für Licht, sondern auch für die übrigen elektromagnetischen Wellen . Also **muß** dieses Gesetz auch gültig sein für die Gravitationswellen .

Dies alles bedeutet im Klartext, daß bei einer Erhöhung der Energie bzw. bei einem höheren Energiezustand, die Intensität und somit die Energie der Gravitationswellen zunimmt , was gleichbedeutend ist mit einer Zunahme der Gravitation. Gleichzeitig nimmt auch die Wellenlänge der Gravitationswellen ab, was gleichbedeutend ist mit einer größeren Reichweite.

Die Gravitation eins Körpers ist also nicht konstant und ist abhängig von seinem Energiezustand. Ein Körper in einem normalen Energiezustand hat eine Gravitation , die nach der Formel von Newton berechnet werden kann. Es handelt sich um eine Grundgravitation. Bei einer Änderung des Energiezustandes dieses Körpers (z.B. starke Erhöhung der Temperatur) ändert sich die Gravitation entsprechend des jeweiligen Energiezustandes . Jeder Körper verfügt also über eine **Grundgravitation** und eine **potentielle zusätzliche Gravitation** , die freigesetzt werden kann bei einer Erhöhung des Energiezustandes. Bei dieser potentiellen Gravitation handelt es sich also um eine Art **eingefrorene zusätzliche Gravitation, die freigesetzt werden kann.**

Wir wollen nun versuchen dies in einer Formel darzustellen:
Wir haben nach dem Newtonschen Gravitationsgesetz:

$$F = G \cdot \frac{m1 \cdot m2}{r^2}$$

Wir müssen nun diese Formel ergänzen durch Einfügen von jeweils einem variablen Faktor E 1 und E2 (Energiezustand), der jeweiligen Körper mit der Masse m1 und m2, wobei E 1 und E2   um so größer sind , je größer der jeweilige Energiezustand ist.
Die von mir entwickelte neue Formel (Gravitationsformel von Bahrami) sieht dann so aus:

$$F = G \cdot \frac{m1 \ E1 \cdot m2 \ E2}{r^2}$$

Die jeweiligen Werte der E 1 und E2 müßten noch durch astronomische Beobachtungen und Berechnungen ermittelt werden.   Bei normalem Energiezustand beträgt dieser Faktor jeweils 1 , wobei dann das Ergebnis gleich ist, wie bei der Anwendung der Newtonschen Formel . Bei dem Energiezustand der Galaxien müßte dieser Faktor insgesamt mindestens 10 betragen   . Dieser Faktor erreicht sein

Maximum, wenn die gesamte Masse in Energie umgewandelt wird , d.h. die gesamte Energie der Masse frei wird und somit ihre volle Wirkung entfalten kann. Das ist der Fall z.B. am „ Ende" des Universums , wenn die Expansion in Kontraktion übergeht .

Dies alles bedeutet zusammengefaßt im Klartext, **daß die Gravitation eines Körpers (außer der Abhängigkeit von der Entfernung)   nicht konstant ist, d.h. nicht nur von der Masse abhängt, sondern auch mit dem Energiezustand des Körpers zusammenhängt , setzt sich also zusammen aus einer Grundgravitation und einer eingefrorene zusätzliche potentielle Gravitation .**

Das bedeutet auch ,daß durch Energiefreisetzung (M $\rightarrow$ E) eine **erhebliche zusätzliche** Gravitation freigesetzt wird . Das Maximum an Gravitation wird freigesetzt bei einer totalen Umwandlung der Masse in Energie.

Der Grund für dieses Phänomen ist, daß es sich bei den Gravitationswellen um Energiewellen handelt. Solange die Energie in Materie gebunden ist , ist die Gravitation gering, solbald aber die Energie frei wird, muß auch die Gravitation erheblich größer werden.

Ein Laie , der dieses Buch liest, kann sich dies z.B. ganz einfach anhand von dem folgenden banalen Beispiel klarmachen :
z.B. ein   stehendes Auto kann Fähigkeiten entfalten, die zunächst nicht wahrnehmbar sind, nämlich Bewegen bzw. Fahren . Diese Fähigkeiten treten erst bei einer Änderung des Energiezustandes , nämlich beim Gasgeben   in Erscheinung .

Wegen einer unfassenden Darstellung der Gravitatioinswellen und ihrer Eigenschaften und zum besseren Verständis dieser faszinierenden Phänomene wird verwiesen auf **meine wissenschaftlichen Arbeiten über die Gravitationswellen** und ferner auf **meine Bücher „Sind die Relativitätstheorien von Einstein richtig?**, **meine energetische Relativitätstheorie „** und **„Revolution der Astronomie und Physik „** .

Durch diese Theorie von mir werden einige bisher nicht lösbar erscheinende nachfolgend beschriebene Phänomene erklärbar und diese Theorie wird gleichzeitig dadurch bewiesen , z.B.

1. Wir wissen, daß die berechnete **Masse der einzelnen Galaxien** nur ca. **10 %** der Masse beträgt, die erforderlich wäre , um die Galaxie aufgrund der nach der Newtonschen Gravitationsformel berechneten Gravitationskraft zusmmenzuhalten. **Nach meiner Gravitationstheorie wird verständlich, daß diese berechnete Masse völlig ausreicht um die erforderliche zusätzliche Gravitationskraft zu liefern,** da die Galaxien sich in einem sehr hohen Ernergiezustand befinden z.B. durch die enorm hohen Temperaturen insbesondere im Kern der Galaxien, durch enorm hohen Druck, und die durch Strahlung freigesetzte Energie usw. Ohne meine Theorie würden die Sterne der Galaxien auseinanderfliegen bzw. aus der Galaxie ausbrechen.

2. Es war ebenfalls bisher unklar, **weshalb die gesamten Milliarden Sterne einer Galaxie an der Rotation der Galaxie teilnehmen. Meine Theorie macht dies**

ebenfalls verständlich und liefert die zusätzliche dafür erforderliche Gravitationskraft.

3. Auch die **äußerst schnelle Rotationsgeschwindigkeit** von ca. 250 Km/ s (wohl gemerkt nicht pro Stunde sondern pro Sekunde !!!!) , die in Relation zu der bisher berechneten Gravitationskraft einer **Galaxie** zu schnell erschien, **wird durch meine Theorie verständlich**. Diese schnelle Rotationsgeschwindigkeit ist erforderlich zur Erzeugung der sehr starken und in dieser Stärke erforderlichen starken Zentrifugalkraft , zur Kompensation der nach meiner Formel berechneten starken Gravitation der Galaxie , damit die einzelnen Sterne der Galaxie auf der Bahn gehalten werden und nicht durch die sehr starke Gravitationskraft des Zentrums der Galaxie   in das Zentrum fallen bzw. sich dem Zentrum stark nähern .

4. **Ein weiterer Beweis für meine Theorie hat die neuen Beobachtungen des Hubble-Teleskops geliefert**: Einige Galaxien sind am Himmel mehrfach abgebildet, weil deren Licht durch eine davor liegende Galqaxie durchgegangen ist und diese Galaxie wle eine **Linse** gewikrt hat   (sogenannten Einsteinschen Linse) . Es ist durch das Hubble-Teleskop z.B. eine Photographie gelungen , worauf eine Galaxie hierdurch 5 –fach abgebildet zu sehen ist.
Dadurch kann nunmehr die Gravitation der als Linse gewirkten Galaxie aufgrund der berechneten Masse der Galaxie und der Newtonschen Gravitaionsformel berechnet werden. Diese Berechnung hat aber ergeben, daß diese Berechnung nur ca. **10 %** der für diese Abbildungen erforderlichen Gravitation liefert, sodaß als eine Art Notlösung eine (nur vermutete und erst gar nicht

vorhandene   ) Art dunkle Materie bzw. dunkler Staub !! unterstellt wurde.

Meine Theorie löst auch dieses Problem und liefert die fehlende Gravitationskraft. Dies ist gleichzeitig ein weiterer Beweis für meine Theorie.

5. Nach den Berechnungen der Astronomen   , die die gesamte **Masse des Universums** berechnet haben, liefert die gesamte Masse des Universums nur ca. **10 %** der erforderlichen Gravitationskraft , die für die Rückkehr des Universums erforderlich wäre, wenn die Newtonsche Gravitationsformel zugrundegelegt würde. **Meine Theorie liefert auch hier die scheinbar fehlende Gravitation und beweiset gleichzeitig, daß die berechnete Masse für die Rückkehr des Universums ausreichend wäre (vergl. auch mein Buch „ Das Geheimnis der Enstehung des Universums, meine DPNS-Theorie „).**

Das   Universum verfügt somit über riesige bisher unahnbare Gravitationsreserven .

Um die eingangs gestellte Frage abschließend zu beantworten:

Das Newtonsche Gravitationsgesetz ist <u>nicht</u> richtig und muß dringend wie oben dargestellt korrigiert werden .

Kapitel 19

Meine Theorie

über den eigentlichen Sinn der Quantelung, der Konstanz der Atommassen und des

Gesetzes von Proust

Sind die Zeit und der Raum auch gequantelt ?

Die Frage nach der Quantelung der Zeit und des Raums kann am besten beantwortet werden, wenn man über den **eigentlichen Sinn der Quantlung** nachdenkt und den Sinn entdeckt.

Zunächst wollen wir uns damit auseinandersetzen, weshalb die **Atome** eines Elements wie Wasserstoff immer eine **fest definierte Masse** besitzen . Ferner weshalb **nur bestimmte Mengen eines chemischen Elements** wie Wasserstoff sich mit **bestimmten Mengen eines anderen chemischen Elementes** wie z.B. Sauerstoff verbinden können und nicht etwa beliebige Mengen, die dazwischen liegen ?

Die letztere Tatsache ist in der Chemie seit geraumer Zeit bekannt als das Proustsche Gesetz der konstanten Proportionen , und wie wir inzwischen wissen, beruht dies auf atomaren Strukturen der Materie, nur der Sinn dieser Tatsache war bisher ebenfalls völlig unbekannt.

Meine Theorie über den eigentlichen Sinn der Quantelung, der Konstanz der Atommassen und des Gesetzes von Proust   :

1. **Die Natur ist zwar sehr variabel, aber die Variabilität hat feste Grenzen, sonst würde ein totales Chaos entstehen.**

   Jedes chemische Element muß nur <u>ein</u> bestimmtes Gewicht haben und somit nur über <u>eine fest definierte Masse</u> verfügen, damit die Variabilität nicht allzu groß wird und ins Unendliche ausufert.

   Wenn die Atommassen beliebig und stufenlos variabel wäre, würden z.B. alleine dadurch unendlich viele verschiedene Wasser- oder Kochsalz-Moleküle entstehen und ins Chaos

führen. Dann würde z.B. die Variabilität der Menschen und Tiere, die jetzt auch groß genug ist, erheblich größer werden und ebenfalls chaotische Dimensionen annehmen.

Denn auch so sind die möglichen chemischen Verbindungen der Elemente äußerst groß und groß genug, und dadurch auch die Möglichkeit einer ausreichenden Variabilität   . Die chemischen Elemente müssen sich nur in bestimmten Mengen miteinander verbinden können, damit nicht unendlich viele chemischen Verbindung entstehen können, die außer der Entstehung eines Chaos , keinen weiteren Sinn hätten.

Trotz dieser „Einschränkung" durch die Natur besteht die Möglichkeit der Entstehung zahlreicher chemischen Verbindungen, die wie bereits erwähnt, mehr als ausreichend sind ,wie wir alle aus der Chemie kennen, **und trotzdem hat die Natur all das zustande gebracht, was wir in der Natur kennen und es sind sogar auch sehr große Moleküle entstanden, wie z.B. DNS-Moleküle , und somit Lebewesen einschließlich Menschen.**

Genauso ist es mit der Quantelung der Energie. Wenn sie nicht gequantelt wäre bzw. wenn die Quantelung beliebig und fließend variabel wäre, würde dies zwangsläufig zum Chaos führen.

2. Ein weiterer sehr wichtiger und unerlässlicher Grund für die Quantelung der Energie , Konstanz der

Atommassen und des Gesetztes von Proust ist die **Wellenstruktur** der Energie und Materie. Wir wissen, daß sowohl die Materie , als auch die Energie aus Wellen aufgebaut sind . Jede Welle besitzt bekanntlich eine **Wellenlänge** und sogenannte Knoten und Bäuche. Jede Welle braucht entsprechend ihrer Wellenlänge eine bestimmte Raumgröße , damit sie überhaupt entstehen bzw. sich entfalten kann. Es ist dabei selbstverständlich , daß z.B. eine Welle mit einer Wellenlänge von 1 cm einen Platz von 1, 2, 3 cm usw. zur Verfügung haben muß, aber keineswegs 1 ,5 cm . **Dadurch entsteht zwangsläufig eine Quantelung.**

3. **Ein dritter wichtiger Grund sind die Resonanzerscheinungen**. Bekanntlich führen Resonanzerscheinungen zum längerem Erhalt, zur Verstärkung und Stabilisierung der Wellen. **Für die Entstehung der Resonanz sind aber bestimmte jeweils vorgegebene Dimensionen erforderlich.** Das kennen wir z.B. aus den Musikinstrumenten und insbesondere von Blas- und Streichinstrumenten. Wir wissen, daß diese erforderlichen Dimensionen für die Entstehung der Resonanz keineswegs fließend sind , sondern sie müssen jeweils bestimmten Größen entsprechen, damit eine bestimmte Zahl der Wellen darin Platz finden können , z.B. 1, 2, 3 mal eine Einheit aber keineswegs 1,5 mal. **Dadurch entsteht zwangsläufig ebenfalls eine Quantelung.**

Wir sehen also, daß die Natur eine Quantlung, eine Konstanz der Masse der Atome bzw. Barrieren und Zügel usw. nur dort vorsieht, **wo es unbedingt erforderlich ist** , damit im Universum kein Chaos entsteht und dadurch nicht das ganze Universum zerstört werden kann.

Weder für den Raum , noch für die Zeit gibt es irgendwelche Gründe oder eine Notwendigkeit für eine Quantlung . Insbesondere keine der oben genannten 3 Gründe sind hier weder vorhanden noch erforderlich.

In der letzten Zeit hat übrigens das Hubble-Teleskop die letzten praktischen Beweise dafür geliefert, daß im Universum weder die Zeit noch der Raum gequantelt sind. Die mit diesem Teleskop aufgenommenen Bilder von sehr weit entfernten Galaxien sind nämlich erheblich schärfer, als bei einer Quantelung sein müsste.

Damit ist nunmehr nicht nur theoretisch gegen die Quantlung der Zeit und des Raums Beweis geführt worden , sondern auch von der praktischen Seite.

Deswegen sollte dieses Problem nunmehr abgehackt und als gelöst und erledigt betrachtet werden.

Kapitel 20

Weshalb ist die Materie aus atomaren Bestandteilen aufgebaut ?

Wir wissen bekanntlich, daß die gesamte Materie aus kleinen Bausteinen aufgebaut ist, nämlich aus Atomen, sodaß eine Vergrößerung oder Verkleinerung der Menge der Materie nicht kontinuierlich geschehen kann, sondern jeweils durch Hinzufügen bzw. Reduzierung von jeweils einem oder mehreren Atomen möglich ist und nicht etwa um 1 /2 oder 1/3 Atom.

Trotz dieser Einschränkung ist diese große Vielfalt der Natur möglich gewesen, wie wir heute sehen.

Sie kennen sicherlich die Lego-Bausteine. Obwohl sie eine Grundform und eine vorgegebene Größe haben, ist es möglich so viele Gestalten ,Kombinationen und Formen damit aufzubauen und somit davon eine so große Vielfalt herzustellen .

Haben Sie schon mal darüber nachgedacht, was passieren würden, wenn die Lego-Bausteine nur als eine Masse (z.. Knete) bestehen würden? Man könnte diese Masse beliebig formen und darauf alles Mögliche herstellen, aber die entstandenen Figuren wären völlig verschieden und willkürlich , jede Figur wäre völlig anders und es wäre eine Vielfalt möglich, **die völlig chaotisch wäre und keine Beziehung zueinander hätte.**

In der Natur ist es ähnlich. Durch die vorgegebene atomare Struktur ist es in der Natur durchaus möglich gewesen eine sehr große Vielfalt zu erreichen, ohne ins Chaos hinein zu gleiten. Umgekehrt, wenn keine atomare Struktur vorhanden gewesen wäre, wäre ein totales Chaos entstanden , die jegliche Systematik und Zuordnung vermissen ließe.

Es ist völlig unerläßlich, daß bei einem System , wie unser Universum, eine gewisse Systematik vorhanden und nicht alles chaotisch und völlig unberechenbar ist.

Die Vielfalt , die erreicht wird, muß systematisch sein und nicht völlig chaotisch, es müssen Grundbausteine vorhanden und nicht alles fließend sein, damit eine Grundordnung hergestellt werden kann.

Wenn jemand z.B. das ganze Universum betrachten würde nur als einen Haufen von Steinen, die im Raum völlig wild durcheinander fliegen würden , so hätte er die ganze Natur und das ganze Universums überhaupt nicht verstanden. **Im Universums gibt es eine Grundordnung , Gesetze und eine Systematik. Alle Bestandteile des Universums gehorchen bestimmte Gesetze .** Alle Sterne der Galaxien werden z.B. sozusagen festgehalten durch die Gravitation .

Wenn im Universum keine Systematik existieren würde und alles chaotisch wäre, so wäre das ganze Universum schon längst zusammen gebrochen und zerstört worden.

Kapitel 21

Rolle der Wertigkeit bzw. Valenz der chemischen Elemente in der Natur

Wenn jedes chemische Element sich mit einem beliebigen anderen Element und in beliebiger Zahl verbinden könnte, würde ein echtes Chaos entstehen .

Die **Valenzen** bzw. die feste **Wertigkeit** der Atome sorgen dafür, daß **nur bestimmte** Verbindungen möglich sind und **begrenzen** gleichzeitig auch die Zahl der einzelnen Atome, die sich miteinander verbinden.

Anhand des einfachen **Kochsalzmoleküls** möchte ich diese Gesetzmäßigkeit anschaulich machen:

Kochsalz hat die chemische Formel **NaCl** . Das bedeutet bekanntlich, daß das Kochsalzmolekül aus der Verbindung von **einem** Atom Natrium (Na) und **einem** Atom Chlor (Cl) besteht.
Wir wissen , daß sowohl Chlor als auch Natrium **einwertig** sind, d.h. es können sich jeweils **nur ein** Cl-Atom mit **nur einem** Na-Atom verbinden.

Wir kennen alle Chlor und wissen ferner , daß es sich um ein **gasförmiges** Element handelt , ein sogenanntes Halogen, mit einem stechenden scharfen Geruch . Beim Natrium handelt es sich bekanntlich um ein **Metall**, genauer gesagt um ein Erdalkalimetall , d.h. es hat metallische Eigenschaften, wie Leitfähigkeit usw.

Das Ergebnis dieser chemischen Verbindung ist das Kochsalz, das wir alle kennen. Es ist **fest**, hat eine **Kristallstruktur** , ist **weiß** und **schmeckt salzig**, hat also völlig andere Eigenschaften , als seine chemischen Bestandteile, genau so wie auch bei den anderen chemischen Verbindungen.

Was ist chemisch passiert ? Das **Natriumatom** mit er Ordnungszahl 11 auf der Mendelejewschen Tabelle, **das in seiner 3. (äußeren) Schale nur ein einziges Elektron** hat, **hat 1 Elektron an das Chloratom abgegeben** und somit dieses sozusagen überzählige Elektron auf seiner äußeren Schale in idealer Art und Weise los geworden , so daß seine nächst tiefere 2. Schale nunmehr mit 8 Elektronen ideal voll besetzt ist Das **Chloratom** mit der Ordnungszahl 17 hat auf seiner äußeren 3. Schale **ein Elektron vom den Natrium aufgenommen und somit seine gesamte Elektronenzahl mit 18 ideal komplementiert. Das Produkt ist also ein ziemlich ideales Ergebnis**.

Anhand dieses Beispiels können wir also auch gleichzeitig sehen, daß die Wertigkeit von der Zahl der Elektronen in der äußersten Schale der jeweiligen Atome abhängt und durch diese Zahl bestimmt wird.

Nebenbei bemerkt , das entstandene Molekül verrät seine Zusammensetzung durch das **Lösen im Wasser**, weil es sich in Na und Cl spaltet, allerdings in jeweils ionisierter Form, durch **Spektroskopie** , weil dadurch die charakteristischen Spektren sowohl des Natriums, als auch des Chlors sichtbar werden, und ferner durch **chemische Analyse.**

Im übrigen haben sich hierbei das Chloratom und das Natriumatom zu etwas höherwertigerem zusammengeschlossen und sich in idealer Weise ergänzt.
Das Produkt ist **nicht mehr gasförmig und flüchtig** , wie zuvor das Cl-Atom.

Auch das Wasser-Molekül ist ein gutes Beispiel . Aus der Verbindung von 2 flüchtigen **Gasen**, nämlich **H2** (Wasserstoff) und **O** (Sauerstoff) entsteht **H2O** (Wasser), das nicht mehr gasförmig und somit **nicht flüchtig** ist, sondern **flüssig**.

Wenn weder das Na-Atom noch das Cl-Atom eine feste Wertigkeit hätte, so würde es möglich sein, daß wechselnde und beliebige Zahl der CL-Atome sich mit einer beliebiger Zahl der Na-Atome verbinden könnten, mit dem Ergebnis, daß dadurch eine unendliche und völlig unübersichtliche Zahl der chemischen Verbindungen mit jeweils verschiedenen Eigenschaften entstehen würden.
Das wäre ein echtes Chaos .

Ganz abgesehen davon, daß eine so große Zahl der Verbindungen überhaupt nicht erforderlich wäre, das Chaos würde dadurch sogar noch erheblich größer werden, daß die entstandenen   Verbindungen sich ebenfalls untereinander verbinden könnten.

Es muß drauf hingewiesen werden, daß trotz dieser festen Einschränkung durch die Valenzen , heute eine äußerst große Zahl der chemischen Verbindungen existieren, insbesondere , wenn man auch die organische Chemie berücksichtigt.

Auch die **chemische Affinität** ist als eine **Barriere** zu sehen, die ebenfalls dafür sorgt, daß nur bestimmte Atome untereinander sich verbinden können. Z.B. Metalle können sich miteinander chemisch nicht verbinden , sondern jeweils nur ein Metall und ein Nichtmetall.

Ferner existieren darüber hinaus auch **einzelne Reaktionstypen**, wie z.B. die sogenannten **Säure-Basen-Reaktionen** oder die **Redoxreaktionen** , die ebenfalls einen ähnlichen Zweck erfüllen und unendliche und chaotische Möglichkeiten ausschließen.

Der tiefere Sinn dieser Barrieren in der Chemie bzw. in der Natur ist also dafür zu sorgen , daß die Verhältnisse übersichtlich bleiben und daß ein Chaos verhindert wird.

Kapitel 22

Interaktion einiger Naturkräfte

auf der Erde

Wir stehen auf der Erde **unter der ständigen Einwirkung verschiedener Kräfte und Beschleunigungen, die sich ständig ändern. Dies ist bisher von der Wissenschaft nicht bedacht worden sind** . Diese Kräfte entstehen wie nachfolgend dargestellt:

1. **Rotation der Erde um die eigene Achse** , bei gleichzeitiger Umkreisung der Sonne :

Die Erde **rotiert bekanntlich um die eigene Achse** mit einer großen Geschwindigkeit von 0,465 Km/ s = 1800 Km/h (Erdrotationsgeschwindigkeit , gemessen am Äquator) , **gleichzeitig umkreist sie auch die Sonne** (Umlaufbahn) mit einer ebenfalls sehr großen Geschwindigkeit von   29,8 Km/s = ca. 107 000 Km/h (Bahngeschwindigkeit).
Dadurch entsteht eine **Interaktion dieser beiden Geschwindigkeiten** , dadurch daß sie sich **mal addieren,**

da sie in gleicher Richtung verlaufen, und sich **mal subtrahieren, da sie gegensinnig verlaufen** :

Nachts addieren sie sich, da sie in gleicher Richtung verlaufen , deswegen wird die Gesamtgeschwindigkeit **größer.**

Am Tag subtrahieren sich, da sie in gegensinniger Richtung verlaufen , dadurch wird die Gesamtgeschwindigkeit **kleiner** .

(Sie können sich das am besten so vorstellen, daß Sie in einem Wagon eines fahrenden Zuges mal nach vorne und mal nach hinten laufen. Dadurch bewegen Sie sich effektiv mal schneller und mal langsamer).

Diese Geschwindigkeitsänderungen **sind mit Beschleunigungen und Abbremsungen verbunden** und zwar folgendermaßen:

Ab dem frühen Morgen entsteht eine Abbremsung , mit **Geschwindigkeitsabnahme,** dadurch daß an diesem Punkt (um die Zeit des Sonnenaufgangs herum) die Addition der Kräfte in eine Subtraktion übergeht ,und **ab der Dämmerung entsteht eine Beschleunigung** mit **Geschwindigkeitszunahme** dadurch daß bei diesem Punkt (um die Zeit des Sonnenuntergangs herum) die Subtraktion in eine Addition übergeht.

Da die Erde bekanntlich rund ist und somit diese 2 Geschwindigkeiten nicht die ganze Nacht bzw. den ganzen

Tag in der Richtung ganz gleich- oder entgegengerichtet sind, sondern jeweils nur an einem Punkt, verlaufen diese Beschleunigungen und Abbremsungen nicht plötzlich und ruckartig , sondern langsam.

Dies zusammengefasst bedeutet im Klartext:

Beginn der Abbremsung am frühen Morgen mit langsamer Geschwindigkeitsabnahme tagsüber.

Beginn der Beschleunigung bei der Dämmerung mit langsamer Geschwindigkeitszunahme über die Nacht.

2. Beschleunigen und Abbremsen durch den Umlauf der Erde um die Sonne :

Wegen der exzentrischen Umlaufbahn der Erde um die Sonne passiert bei der Umkreisung der Erde um die Sonne folgendes:

Jedesmal wenn sich die Erde auf ihrer Umlaufbahn der Sonne nähert, wird durch die größer werdender Gravitation der Sonne (wegen des kleiner werdenden Abstandes zur Sonne) **ihre Umlaufgeschwindigkeit größer , da sie beschleunigt wird** , und umgekehrt jedesmal wenn sich die Erde von der Sonne wider entfernt, wird ihre **Umlaufgeschwindigkeit wieder kleiner , da sie abgebremst wird.**

Dies bedeutet , daß **ab Mitte Sommer** die Erde langsam und zunehmend **beschleunigt** und **ab Mitte Winter** langsam und zunehmend **abgebremst** wird. Somit sind auch wir und alle Lebewesen auf der Erde diesen Beschleunigungen und Abbremsungen ausgesetzt.

Unser Körper ist ziemlich unempfindlich gegen konstante Geschwindigkeiten , auch wenn sie relativ hoch sind, und spürt sie nicht, wenn weitere Umstände, wie z.B. Sichtkontakt , Fahrgeräusche oder Erschütterungen fehlen. Z.B. wir spüren überhaupt nicht, daß unsere Erde mit einer hohen Geschwindigkeit von 0,465 Km/ s = 1800 Km/h um ihre eigene Achse rotiert , oder daß wir zusammen mit unserem gesamten Sonnensystem sogar mit einer noch höheren Geschwindigkeit von 150-250 km/s   um die Achse unserer Galaxie rotieren .

Ganz anders ist aber mit **Beschleunigung und Abbremsung**, auch beim Fehlen jeglichen Kontaktes zu der Außenwelt.   **Sie beeinflussen unsere Körper und sind sehr gut wahrnehmbar.** Das haben wir alle öfters gespürt, wenn wir auf der Autobahn fahren und Gas geben und somit beschleunigen oder bremsen.

Geringe Beschleunigungen und Abbremsungen werden zwar nicht bewusst wahrgenommen , werden aber von unserem Körper höchstwahrscheinlich registriert.

Sie haben somit höchstwahrscheinlich Auswirkungen auf die innere Uhr und das Zeitgefühl von uns und von allen anderen Lebewesen auf der Erde.

Dadurch müssen wir und alle andere Lebewesen auf der Erde völlig unabhängig von hell und dunkel und Sonnenständen **spüren, wann Tag und wann Nacht ist ,**

**wieviel Uhr es ungefähr ist und wann der Winter oder
der Sommer naht** .

Seitdem Leben auf der Erde existiert, also seit ca. ca. 4
Milliarden Jahren müssen alle Lebewesen diese Signale
spüren und ihre inneren Uhren müssen danach laufen und
sich daran orientieren.

Es ist durch Experimente bereits nachgewiesen, daß ein
Mensch in einem dunklen Raum trotzdem merkt, wann Tag
und wann Nacht ist und wie viel Uhr es ungefähr ist.
Erklären konnte man jedoch dieses Phänomen bisher nur
unzureichend.

So müssen z.B. die **Pflanzen** und insbesondere die
Frühlingsblumen unabhängig von der Temperatur und
Sonnenstände spüren, wann der Frühling naht und treiben
deswegen teilweise auch schon bei kalter Witterung, und
zusätzlich zu den bisher bekannten Faktoren müssen auch
die **Vögel** so spüren, wann der Herbst bzw. Winter naht und
können so rechtzeitig nach Süden wandern und umgekehrt
zur richtigen Zeit wieder zurückkommen.

Diese Einzelheiten und Sachverhalte waren bisher nicht
bedacht und nicht berücksichtigt worden waren. **Es
handelt sich somit um weitere Entdeckungen
von mir.**

(Im übrigen durch die Interaktion der Rotation der Erde um
die eigene Achse und der gleichzeitigen Umkreisung der
Sonne **entstehen ständige und vielfältige Änderungen
der effektiven Gravitation und der Zentrifugalkraft, die
auf uns wirken.** Diese Änderungen **kompensieren** sich
jedoch gegenseitig, sodaß ich hier in diesem

Zusammenhang nicht näher darauf eingehen, sondern wegen der näheren Einzelheiten auf **meine wissenschaftlichen Arbeiten** verweisen möchte).

Kapitel 23

Meine Theorie

über Grund und Sinn der

physikalischen Veränderungen

und der

astronomischen Erscheinungen

Schon unser Physiklehrer auf dem Gymnasium sagte uns immer wieder , in der Physik dürfen Sie nach allem fragen aber nicht nach dem Grund der physikalischen Gesetze und Veränderungen . Sie alle beruhen bekanntlich nur auf **Experimenten , Beobachtungen und Erfahrungen .**

Wenn Sie in einem **Physikbuch** nach einer Formel oder nach einem physikalischen Gesetz suchen , so werden Sie sehr schnell fündig. **Wenn Sie aber nach dem Warum suchen, so werden Sie sehen, daß die Suche völlig vergebens ist. Sie werden darüber nichts finden.**

Dasselbe gilt auch für die **Chemie**, wenn auch nur relativ.

Mittlerweile sind viele Jahre vergangen . Ich habe es aber trotzdem nie aufgegeben nach dem Warum und nach dem Sinn in der Physik und Chemie zu fragen und darüber nachzudenken . Vor einigen Jahren ist mir aber der Sinn klar geworden :

Wie ich in meinen wissenschaftlichen Arbeiten über die Evolution, bereits ausführlich dargestellt habe , ist der tiefere Sinn der Evolution der Lebewesen **das Bestreben nach Überleben.**

Genauso muß es auch bei der Materie sein . Ich habe bereits in zahlreichen wissenschaftlich Arbeiten ausführlich dargestellt und begründet, daß nicht nur das , was wir als Lebewesen bezeichnen, lebt , sondern **auch die Materie** , die wir als tot bezeichnen , wenn auch etwas anders und in einem etwas anderen Sinne . Ich habe ferner bereits darauf hingewiesen und beschrieben, daß **auch bei der Materie durchaus Kommunikationen und Erfahrungsaustausch stattfinden**   (s. auch **meine Bücher   „Revolution der Astronomie und Physik"** und **„Revolution der Naturwissenschaften"**).

Auch die Materie muß das Bestreben haben zu überleben . Deswegen muß sie sich laufend an die Umgebung anpassen .

Dies möchte ich anhand der nachfolgenden Beispielen klar machen :

A. Physik:

1. Thermodynamik:

Wir wissen, daß   sich **die Materie durch Erhitzen ausdehnt und durch Kälte zusammenzieht** . Dies können wir durch Beispiele und Formeln darstellen und nachrechnen, der Sinn bleibt uns aber zunächst verborgen .
Wir stellen uns ein **Glas** (Trinkglas) vor . **Bei der Wärme wird der Materie Energie zugeführt** . Die Materie nimmt diese Energie auf und wandelt sie in Bewegung um. **Die Atome bzw. Moleküle bewegen sich dadurch schneller** , deswegen **erhitzt** sich die Materie   , bleibt aber zunächst zusammen , d.h. die Bestandteile des Glases nehmen die Wärme auf, das Glas **dehnt sich aus**, **erwärmt sich**, **bleibt   aber solange wie es geht zusammen und die Integrität bleibt so bewahrt** . **Dies stellt eine Art Anpassung und Kompensation dar,** denn wenn die Atome bzw. Moleküle des Glases dies nicht tun würde, würde die zunehmende Wärmezufuhr sehr schnell dazu führen, daß die Atome bzw. Moleküle der Materie mit einem Knall auseinander gehen und die Materie bzw. der Gegenstand somit zerfällt und zerstört wird   .

Die **Materie bzw. das Glas möchte aber überleben** bis es natürlich nicht mehr geht. . **Dies ist aber möglich, wenn die Bestandteile des Glases zusammen bleiben.**

Bei der   Kältezufuhr ist es ähnlich, wohl aber umgekehrt . Bei einem Energieentzug muß die Materie sparsam mit ihrer Energie umgehen .Deswegen werden die Bewegungen der Atome und Moleküle gedrosselt und so Energie gespart .

Der Sinn ist in beiden Fällen das Bestreben der Materie zu überleben.

2. **Neigung zur Klumpen- und Gruppenbildung** :
Alle Atome und Moleküle haben das Bestreben sich zu verklumpen bzw. sich zu Gruppen zusammenzuschießen (vergl. auch Kapitel 16) :

Wir kennen z.B. die **Kohäsionskräfte** bei Flüssigkeiten , die auf anziehende Kräfte zwischen den einzelnen Molekülen der Flüssigkeiten beruhen und dafür sorgen, daß die einzelnen Moleküle zusammen bleiben und sich nicht einzeln verteilen .

Wir wissen alle z.B. was passiert , wen wir etwas Wasser auf den Boden gießen. Die Wassermoleküle fallen nicht etwa auseinander, sondern bilden einzelne **Tropfen und kleinere und größere Wasserflächen. Sie bleiben also in Gruppen zusammen .**
(vergl. auch die **van-der-Waals-Kräfte**) .

Das bedeutet eine **Erhöhung der Überlebenschancen** der Wassermoleküle, da sie einzeln in der großen Welt schnell verloren wären . **Dies ist vergleichbar mit der Gruppenbildung bei den Tieren**, die ebenfalls einen erheblichen Schutz und somit eine erhebliche Steigerung der Überlebenschancen bedeutet .

3. **Mechanik :**

Die Newtonschen Axiome :

Z.B. aus dem **2. Axiom** geht hervor, daß eine konstant auf einen Körper wirkende Kraft zu einer beschleunigten Bewegung führt .

Der Sinn dieser Tatsache besteht darin, daß wenn der betreffende Körper nicht nachgeben und sich nicht entsprechen der Krafteinwirkung bewegen würde, durch die Kraft zunehmend komprimiert und Gefahr laufen würde zerstört zu werden.

Es handelt sich somit auch hier um eine Art Anpassung, **um ein Bestreben der Materie zu überleben .**

Gemäß dem **3. Axiom** ruft eine Kraft , die auf einen Körper wirkt, eine Gegenkraft hervor , die genau so stark, aber entgegengesetzt ist ,

Auch der Sinn dieses Axioms ist **das allgemeine Bestreben der Materie ist zu überleben** und eine Art **Abwehrmechanismus** gegen die Umwelt, da sonst die einwirkende Kraft zum Zerstören der Materie führen könnte

4. **Elastizitätsänderung** :   Wir versuchen einen nicht allzu dicken Ast zu brechen .

Beim 1. Versuch biegen wir den Ast **plötzlich** ab bis er bricht, und beim 2. Mal biegen wir den Ast **langsam** ab, bis er ebenfalls bricht .   Wir werden feststellen, daß der Ast beim 1. Versuch deutlich früher bricht als beim 2.Versuch . **Warum ?**

Wenn wir den Ast langsam abbiegen, haben die Moleküle des Astes ausreichend Zeit sich so zu ordnen, daß der Ast nicht so schnell bricht , **sie leisten quasi Widerstand gegen die äußere Gewalteinwirkung.** Wenn wir aber

den Ast schnell abbiegen, bleibt den einzelnen Molekülen
keine Zeit sich entsprechend zu ordnen

Dies ist im übrigen einer der Gründe , weshalb die **Karate-Schläge** erheblich wirksamer sind beim Brechen der
Gegenstände ,da diese Schläge nicht nur kräftiger,
sondern auch **erheblich schneller** sind .

Die einzelnen Moleküle des Astes haben also auch hier
das Bestreben zu überleben , also gegenüber der
äußerlichen Gewaltanwendung Widerstand zu leisten ,
damit der Ast möglich nicht bricht ,wenn es irgendwie
möglich ist .

B. Physik/ Astronomie:

1. Verklumpen der Atome bei der Entstehung der Sterne:

Der Sinn des Verklumpen der Atome bei der Entstehung
der Sterne ist durch den Zusammenschluß und Erreichen
einer bestimmten Größe thermonukleare Reaktionen
einzuleiten , um so erhebliche Mengen Energie zu
gewinnen und somit besser **zu überleben** . Die
einzelnen Atome wären einzeln sozusagen heimatlos ,
wären im riesengroßen Universums verloren ,und
außerdem nicht in der Lage diese Energiequelle
anzuzapfen .
Außerdem entsteht durch den Zusammenschluß der
vielen einzelnen Atome, de für sich alleine nur über eine
äußerst winzige Gravitationskraft verfügen würden, eine

große Gravitation zu erzielen , die es ermöglicht besser überleben zu können, anstatt von anderen Objekten angezogen zu werden und somit verloren zu gehen .

2. Verklumpen der Atome zu Planeten:

Auch bei der Planetenbildung entsteht durch die Verklumpung eine Art Zusammenhalt , wie bei der Gesellschaftsbildung der Menschen, und **erhöht die Überlebenschancen** . Einzelne Atome im Universum wären sozusagen verloren .

3. Galaxiebildung :

Ebenfalls bei der Galaxiebildung handelt es sich um ein Bestreben nach Überleben , da dadurch zahlreiche Sterne zusammengehalten werden , eine riesengroße Kraft (Gravitationskraft) darstellen und somit **besser überleben** können .

Das Verklumpen der Atome und Moleküle bzw. der Materie ist vergleichbar mit der **Gruppenbildung bei den Tieren** . Die einzelnen Tiere genießen in der Gruppe einen größeren Schutz gegenüber den äußeren Gefahren und ihre Überlebenschance wird so erheblich erhöht .

Es muß betont werden, daß einige physikalischen Veränderungen und astronomischen Erscheinungen durchaus **Zwischenstufen** darstellen können, auf dem Weg der Perfektionierung und somit des Überlebens.

Zusammengefasst hat also auch die Materie das Bestreben zu überleben , und genau das ist auch   der Grund und Sinn der   meisten physikalischen Veränderungen und der meisten Astronomischen Erscheinungen.

Kapitel 24

Meine Theorie
über den eigentlichen Sinn
der chemischen Verbindungen

Warum verbinden sich die Elemente ?
Welchen Sinn haben die chemischen Verbindungen ?
Was haben chemische Verbindungen mit der Evolution
zu tun ?

Chemie ist die Lehre der chemischen Verbindungen. Wenn sie aber in einem Chemie-Buch nachsehen wollen, was der eigentliche **Sinn** und der eigentliche **Grund** für chemische Verbindungen ist, so suchen Sie meistens völlig vergebens.
Es wird aber völlig als selbstverständlich erachtet, daß die Elemente sich miteinander verbinden.
Dort ist anstatt dessen viel von den positiven und negativen Ladungen die Rede, so wie von den Wertigkeiten der Elemente .

Meine Theorie über den eigentlichen und tieferen Sinn und den Grund der chemischen Verbindungen:

Deswegen wollen wir hier uns mit dem eigentlichen „ Warum ? „ und dem eigentlichen Zweck und Sinn der chemischen Verbindungen auseinandersetzen und versuchen , ob wir diese Fragen beantworten können :

Wir nehmen als Beispiel das **Kochsalz** , das die chemische Formel **NaCl** hat. Das bedeutet bekanntlich, daß das Kochsalzmolekül aus der Verbindung von einem Atom Natrium (Na) und einem Atom Chlor (Cl) besteht. Wir kennen alle Chlor und wissen , daß es sich um ein **gasförmiges** Element handelt , ein sogenanntes Halogen, mit einem stechenden scharfen Geruch .   Beim Natrium handelt es sich bekanntlich um ein **Metall**, genauer gesagt um ein Erdalkalimetall , d.h. es hat metallische Eigenschaften, wie Leitfähigkeit usw.
Das Ergebnis dieser chemischen Verbindung ist das Kochsalz, das wir alle kennen. Es ist **fest**, hat eine **Kristallstruktur** , ist **weiß** und **schmeckt salzig**, hat also völlig andere Eigenschaften , als seine chemischen Bestandteile, genau so wie auch bei den anderen chemischen Verbindungen.

Was ist chemisch passiert ?   Das **Natriumatom** mit er Ordnungszahl 11 auf der Mendelejewschen Tabelle, **das in seiner 3. (äußeren) Schale nur ein einziges Elektron** hat, **hat 1 Elektron an das Chloratom abgegeben** und somit dieses sozusagen überzählige Elektron auf seiner äußeren Schale in idealer Art und Weise los geworden , so daß seine nächst tiefere 2. Schale nunmehr mit 8 Elektronen ideal voll besetzt ist Das **Chloratom** mit der Ordnungszahl

17 hat auf seiner äußeren 3. Schale **ein Elektron vom den Natrium aufgenommen** und somit seine gesamte Elektronenzahl mit 18 ideal komplementiert. **Das Produkt ist also ein ziemlich ideales Ergebnis**.

Nebenbei gemerkt , das entstandene Molekül verrät seine Zusammensetzung durch das **Lösen im Wasser**, weil es sich in Na und Cl spaltet, allerdings in jeweils ionisierter Form, durch **Spektroskopie** , weil dadurch die charakteristischen Spektren sowohl des Natriums, als auch des Chlors sichtbar werden, und ferner durch **chemische Analyse.**

Das Chloratom und das Natriumatom haben sich also zu etwas höherwertigerem zusammengeschlossen und sich in idealer Weise ergänzt.
Das Produkt ist **nicht mehr gasförmig und flüchtig** , wie zuvor das Cl-Atom.

Auch das Wasser-Molekül ist ein gutes Beispiel . Aus der Verbindung von 2 flüchtigen **Gasen**, nämlich **H2** (Wasserstoff) und **O** (Sauerstoff) entsteht **H2O** (Wasser), das nicht mehr gasförmig und somit **nicht flüchtig** ist, sondern **flüssig**.

Das ist aber keineswegs der ganze tiefere Sinn der chemischen Verbindungen . Deswegen wollen wir noch etwas mehr darüber nachdenken und uns etwas mehr vertiefen.

Wie in den vergangenen Kapiteln bereits erwähnt, **besteht in der Natur generell eine Bestrebung nach**

zunehmender Perfektionierung und somit nach Überleben .

Alles , was perfekter wird, hat nämlich auch gleichzeitig eine höhere Überlebenschance .

Das wird völlig verständlich , wenn wir uns vergegenwärtigen , welche enorme Gefahren im Universum existieren.

Die einzelnen chemischen Verbindungen, die entstehen, brauchen aber keineswegs Endprodukte zur Perfektionierung darzustellen, sondern können durchaus auch **Zwischenstufen** sein. So kann die Natur praktisch lange Zeit sozusagen frei experimentieren, bis die perfekten Entprodukte entstehen, so wie z.B. die DNA-Moleküle entstanden sind.

Wir kehren nochmals zurück zu unserem Kochsalzmolekül. Wie wir gesehen haben , handelt es sich dabei um ein sehr einfaches und kleines Molekül, das nur aus 2 Atomen besteht. Wir wissen aber, daß auch mehrere Atome sich zu einem Molekül verbinden können, was zur Entstehung von größeren und komplizierteren Molekülen führt.
Z.B. das Molekül von **Kaliumpermanganat** mit der chemischen Formal $KMnO_4$ bestehen aus 6 Atomen. So können immer mehr Atome sich zusammenschließen , und immer größere Moleküle zu bilden.

Aus der **organischen Chemie** kennen wir erheblich größere und kompliziertere Moleküle mit beachtlichen Molekulargewichten.
So können immer größere Moleküle entstehen , bis zur Entstehung von Makromolekülen .
So sind auf der Erde immer größere und kompliziertere Moleküle entstanden , bis eines Tages die

Nukleinsäuremoleküle auftauchten und somit auch **DNA**, woraus die **Chromosomen** bestehen.

Dies war gleichzeitig ein Riesenschritt und ein Riesenereignis, da damit auf der Erde gleichzeitig auch das Leben entstand, da die DNA-Moleküle Eigenschaften haben, die wir schlechthin als Leben bezeichnen .

Es war somit mit diesem Schritt plötzlich eine Riesenperfektionierung gelungen und somit auch ein enormer Schritt bei den Bestrebungen zwecks Überleben.

Der tiefere Sinn und Zweck der meisten chemischen Verbindungen ist somit ein Bestreben nach Perfektionierung und somit und vor allem ein Bestreben nach Überleben.

Es ist im Rahmen dieses Buches leider nicht möglich , näher auf diese äußerst faszinierenden Phänomene einzugehen. Deswegen wird wegen einer erheblich ausführlicheren Darstellung **verwiesen auf meine Bücher " Leben, Krankheit, Alter, Tod, energetische Therapie", das ausführlicher sich mit solchen Phänomenen beschäftigt, und „Geheimnisse der Evolution", die eine echte Fundgrube solcher Faszinationen ist .**

Folgende Bücher von mir sind ebenfalls im Fachhandel bereits erhältlich , alle enthalten äußerst interessante Einzelheiten und Neuigkeiten und sind somit sehr empfehlenswert:

ISBN bzw. EAN:
978-3-8334-6667-0

ISBN bzw. EAN:
978-3-8334-8136-9

ISBN bzw. EAN:
978-3-8334-8310-3

ISBN bzw. EAN:
978-3-8334-8453-7

ISBN bzw. EAN :
978-3-8370-0834-0

ISBN bzw. EAN :
978-3-8370-1208-8

ISBN bzw. EAN :
978-3-8370-2788-4

ISBN bzw. EAN:
978-3-8370-4610-6

ISBN bzw. EAN:
978-3-8370-4405-8

ISBN bzw. EAN:
978-3-8370-5604-6

ISBN bzw. EAN :
978-3-8391-1173-4